놀면서 혼자하는 수학

❷ 식과 함수

놀면서 혼자하는 수학

② 식과 함수

설명이 자세해서 너무 쉬운 중학수학

이윤경 지음 최상규 그림

글담출판사

이보다 더 쉬울 수 없다!

정윤상 (영동중학교 수학 선생님)

수학은 확실히 쉬운 과목인데, 수학을 배우는 학생들이나 수학을 가르치는 교사들이나 어렵게 배우고 어렵게 가르치는 것이 아닌가 하고 고민한 적이 한두 번이 아니다. 어떻게 하면 수학을 쉽게 가르칠까? 생활에서 수학이 어떻게 활용되고 있는지를 알려주어 우선 수학에 대한 거부감부터 없애고 그 속에 녹아 있는 수학적 개념과 원리를 가르친다면 머리에 쏙쏙 들어오지 않을까? 이 책『놀면서 혼자 하는 수학』은 그런 의미에서 그 어떤 수학 책보다 쉬운 수학 책이다. 〈수학과 친해지기〉에서 수학과 친숙해진 학생들은 〈수학아, 놀자!〉에서 선생님의 자세한 설명으로 수학의 개념과 원리들과 한바탕 놀고, 〈이런 문제 헷갈려요!〉에선 디저트를 먹는 것처럼 수학에 대한 기본 갈증을 깔끔하게 마무리한다. 이보다 더 쉽고 재미있는 수학 책이 과연 있을까?

수학을 싫어하는 학생들,
수학을 포기하려는 학생들이 봐야 할 책

류선미 (성복중학교 수학 선생님)

수학을 처음 포기하게 될 때가 초등 5학년 때라고 한다. 점점 어려워지는 개념 때문에 수학이란 과목을 힘들어하기 때문이다. 하지만 이때 배우는 수학의 개념과 원리들은 기초적인 것들이어서 한 번 포기하게 되면 그 영향이 고등학교, 아니 평생을 갈 수도 있다. 이런 때일수록 아이들에게 재미있는 수학, 친근한 수학, 쉬운 수학을 알게 해줘야 한다. 이미 포기한 학생이라도『놀면서 혼자 하는 수학』이라면 다시 시도해 보려고 할 것이다. 이 책은 수학을 싫어하는 학생들에게 수학의 재미를 찾아 주고, 수학을 포기하려는 학생들에게 새로운 희망을 찾아 주는 책이 될 것이다.

예비중학생이 쉽게 이해할 만큼 개념과 원리를 충실히 설명했다!

민지숙 (홍천중학교 수학 선생님)

수학은 혼자 공부해야 하는 과목이다. 물론 처음에는 선생님이 개념과 원리들을 이해시키고 응용문제를 풀 수 있도록 이끌어 주지만 그 다음부터는 학생 혼자서 많은 문제를 풀어 봐야 한다. 혼자 공부하려면 우선 설명이 쉽고 자세해야 한다. 아이들이 수학을 쉽게 배우기 위해 제일 원하는 것도 설명이 친절하고 자세하게 나와 있는 수학 책이다. 교과서는 단편적 설명만이 나와 있어 혼자서 공부하기엔 좀 부족하다고 할 수 있다. 하지만 이 책『놀면서 혼자 하는 수학』은 저자 선생님의 친절하고, 경쾌하며, 자세한 설명 덕택에 아이들이 수학을 혼자서도 쉽게 이해하고 재미있게 공부할 수 있게 하였다. 그래서 중학생뿐만 아니라 초등 5, 6학년의 예비중학생들이라도 이 책으로 쉽게 중학 수학을 맛볼 수 있을 것이다.

수학이 싫은 학생들을 위해 만든
'혼자 하는 수학 책'

수학 공부는 왜 하는 걸까?

수학, 생각만 해도 머리가 복잡해지고 골치가 아프지? 수학을 몰라도 계산만 할 줄 알면 사는 데 아무 지장 없다고 생각하는 사람들도 꽤 많고 말이야. 그건 수학이란 과목이 다른 과목에 비해 너무 어렵게 느껴지기 때문일 거야. 선생님은 그런 사람들을 보면 많이 안타깝단다. 수학은 어렵기만 한 쓸모없는 과목이 절대로 아니거든. 선생님이 이 책을 쓰게 된 동기도 수학에 대한 너희들의 생각이 바뀌었으면 하는 바람에서 시작되었어.

수학에 대한 생각이 바뀌려면 너희가 수학을 공부해야 하는 이유를 잘 알고 있어야 해. 수학은 그저 대학에 입학하기 위해 배우는 학문이 아니란다. 수학은 개념과 원리를 이해한 뒤 그것을 응용한 문제들을 푸는 과정을 통해, 생활 속에서 어떤 문제가 주어졌을 때 그것을 제대로 이해하고 논리적 사고로 해답을 찾는 능력을 기르게 한단다. 이것을 수학적 사고력이라고 하는데, 이런 능력은 생활

속에서 얼마든 활용 가능해. 자, 이제 수학을 왜 배워야 하는지 제대로 알겠지?
수학은 생활과 동떨어진 학문이 절대로 아니야.

수학을 쉽게 배울 수는 없을까?

그렇다면 이렇게 중요한 학문인 수학을 좀 더 재미있고 쉽
게 배울 수는 없는 걸까? 너희들은 수학이 왜 어렵니? 선생님이 생
각하기에 아마도 초등학교 때 배우던 수학과는 판이하게 어려워진 중학교 수학
때문인 것 같아. 자연수나 분수만 알던 너희들이 유리수나 실수까지 배워야 하
고, 사칙연산만 잘하면 될 줄 알았는데, 집합이니 소인수분해니 이진법이니 하
는 것도 배우게 되니까 말이야. 수학은 이렇게 학년이 올라갈수록 점점 심화된
단다. 그렇다고 지레 겁을 집어먹을 필요는 없어. 수학을 쉽게 배울 수 있는 방
법이 있으니까!

그게 뭐냐고? 그건 수학의 기초 개념과 원리를 제대로 이해하고 꽉 잡는 데 있
어. 너희들이 탑을 쌓는다고 생각해 봐. 처음 기단을 세울 때는 땅 위에 평평하
고 튼튼하게 탑을 쌓기만 하면 돼. 기단을 쌓는 일은 탑 쌓기에서도 아주 중요한
일이지만 그렇다고 힘을 많이 써야 하는 힘겨운 일은 아니란다.
하지만 기단을 허술하게 쌓거나 하면 아무리 높은 탑을 쌓더라
도 쉽게 무너져 버려. 이건 수학도 마찬가지란다. 개념과 원리
를 제대로 이해하고 넘어가지 않으면 점점 심화되어 가는
수학의 세계에 발을 들여 놓기가 어렵게 돼.
이렇듯 수학의 기초를 꽉 잡고 나면 수학은 어느덧 너희들에

게 쉽고 재미있는 과목이 될 수 있단다. 그리고 그것에 만족하지 않고 기초를 응용할 수 있는 많은 문제들을 풀어 보면서 끊임없이 도전정신을 갖는 것도 중요해. 점점 난이도를 높이면서 말이지. 그렇게 된다면 어느덧 성적도 쑥쑥 올라가는 것을 경험하게 될 거야.

자세한 설명으로,
혼자서도 쉽고 재미있게 공부할 수 있어!

이 책은 '수학의 기초를 다지려는 중학생들과 중학 수학을 미리 맛보려는 예비중학생' 모두가 볼 수 있어. 그만큼 선생님이 쉽게 쓰려고 노력했다는 얘기야. 너희들이 중학 수학을 공부할 때 이 책에 있는 내용만이라도 완벽하게 이해한다면 기초는 충분히 꽉 잡을 수 있게 될 거야.

선생님은 너희들이 우선 수학과 친해져야 한다고 생각했어. 그래야 공부할 마음도 생기니까. 그래서 〈수학과 친해지기〉라는 코너를 통해 수학의 개념과 원리들이 생활 속에 어떻게 녹아 있는지를, 또 수학이 결코 낯선 학문이 아니라는 점을 알려 줄 거야. 이렇게 처음부터 친숙한 이야기로 수학을 접한 너희들은 〈수학아, 놀자!〉를 만나게 될 거야. 선생님은 〈수학아, 놀자!〉에서 최대한 쉽고 재미있게 수학의 기초를 가르치려고 노력했단다. 〈이런 문제 헷갈려요!〉에선 너희들이 많이 착각하고 헷갈려 하는 개념과 문제들만 모아 놓았어. 아마 이것만 보아도 실수로 수학 문제를 틀리게 되는 경우가 확 줄어들 거야.

이외에도 수학을 잘 할 수 있는 방법을 〈수학의 달인〉 코너를 이용해 알려 주고

자 하였단다. 가볍게 읽고 잠깐 쉬어가라는 의미에서 수학에 관한 에피소드들도 중간 중간 들려주고 말이야. 또한 중학교 1학년 내용부터 3학년 내용까지 차례대로 편집하여 너희들 스스로 자신의 약점을 쉽게 찾아서 읽을 수 있도록 하였어. 따라서 어느 부분을 먼저 읽더라도 수학 지식과 수학에 관련된 재미있는 이야기를 얻을 수 있단다. 반드시 앞에서부터 읽지 않아도 된다는 거야.

무엇보다 선생님은 너희들을 옆에 두고 직접 가르치듯, 자세하고 친절한 설명을 하려고 노력했어. 너희들도 이 책을 읽으면서 '어, 꼭 선생님이 옆에서 가르쳐 주는 것 같네!' 하고 느끼게 될 거야. 자, 그럼 선생님과 함께『놀면서 혼자 하는 수학』의 나라로 떠나 볼까?

이윤경

(현 보라중학교 수학 선생님)

차례

x+3=5, x=?

놀면서 혼자 하는
1부_ 방정식과 부등식

식을 문자로 나타내면 훨씬 편리해! 중학교 1학년 – 문자와 식

간결하고 명확한 표현, 일차방정식 중학교 1학년 – 일차방정식

전개와 인수분해는 거꾸로 친구 중학교 3학년 – 곱셈 공식과 인수분해

해법만 알면 너무 쉬운, 이차방정식 중학교 3학년 – 이차방정식

방정식의 쌍, 연립방정식 중학교 2학년 – 연립방정식

부등호와 부등식의 세계로 중학교 2학년 – 부등식

식을 문자로 나타내면 훨씬 편리해!

첫걸음 떼기

문자를 사용하여 식을 나타내면 실생활에서 만나게 되는 여러 가지 복잡한 문제들을 아주 효과적이고 쉽게 풀 수 있어. 문자를 사용하면 식을 간단히 나타낼 수 있을 뿐만 아니라 계산도 쉽게 할 수 있거든. 이런 이유 때문에 사람들은 오래전부터 문자로 나타낸 수와 식을 사용해 왔단다.

'문자의 사용', 그것은 수학의 역사에서 다른 무엇과도 비교할 수 없는 중대한 사건이었단다.

오늘날의 'x'에 해당하는 문자를 최초로 사용한 사람은 누구일까?

수학의 대가로 알려진 그리스의 수학자 디오판토스(Diophantos)야. 그는 수학 문제를 풀면서 '어떤 수'라는 말 대신에 'S'라는 문자를 사용했어. 그래서 '미지수(구하려고 하는 수)'를 처음으로 문자화했다는 평을 받고 있단다.

그럼 오늘날 x가 어떻게 사용되고 있는지 선생님이 예를 들어 설명해 줄게.

위의 정사각형의 둘레의 길이는 얼마일까? 물론 변의 길이에 따라 달라지겠지?

한 변의 길이가 1인 정사각형의 둘레의 길이는 $4 \times 1 = 4$

한 변의 길이가 2인 정사각형의 둘레의 길이는 $4 \times 2 = 8$

한 변의 길이가 3인 정사각형의 둘레의 길이는 $4 \times 3 = 12$

$\vdots$

한 변의 길이가 □인 정사각형의 둘레의 길이는 $4 \times$ □

$\vdots$

한 변의 길이가 x인 정사각형의 둘레의 길이는 $4 \times x$

여기서 정사각형은 변이 4개이니까 4란 숫자는 고정되어 있지? 그런데 한 변의 길이는 계속 변하고 있는 걸 알 수 있잖니? 이렇게 여러 가지 수치로 '변신하는 수'를 '변수'라 하는 거야. 표에서처럼 변수를 x로 나타낸다면 둘레의 길이는 $4 \times x$가 되겠지?

$4 \times x$와 같이 문자를 사용하여 어떤 수량을 나타내는 식을 간단히 '문자를 사용한 식'이라 한다. 이처럼 문자를 사용해서 식을 나타내면 수량과 수량 사이의 관계를 간단히 나타낼 수 있어서 아주 편리하단다. $4 \times x$는 간단히 $4x$라고 써.

그렇다면 둘레의 길이가 20인 정사각형의 한 변의 길이는 얼마일까?

한 변의 길이를 x로 놓고 식으로 나타내면 $4 \times x = 20$이 되겠지? 이 식을 만족하는 x는 5이잖니? 그러니까 정답은 5가 되는 거야.

수학자들은 이처럼 기호문자를 사용한 뒤로 수학에 새로운 길이 열렸다고 평한단다. 그만큼 '문자의 사용'을 중대한 사건으로 본 거야.

정해져 있지 않은 수량을 나타내기 위해 사용되는 문자는 $x, y, a, b \cdots$ 등 어떤 문자를 사용해도 무방하다는 사실을 잊지 말도록!

수학에서만 문자와 기호를 사용하는 것이 아니란다. 우리는 일상생활에서도 기호를 흔히 볼 수 있어. 예를 들어 볼까?

거리의 교통 표지판

악보

지도 기호들

이런 기호들은 미리 약속을 정하여 사용하는 거잖니? 그 약속을 잘 익

히면 전달하고자 하는 내용을 효과적으로 표현할 수 있어 무척 편리하단다. 하지만 이러한 기호나 문자가 어떤 것을 나타내는지 미리 정해진 약속을 알지 못하면 그 뜻을 알 수 없어. 그렇게 되면 악보, 일기예보, 교통 표지판, 지도에 담겨 있는 기호가 어떤 의미로 쓰인 건지 알 수가 없지. 이와 마찬가지로 수학에서도 약속을 미리 정하여 기호와 문자를 사용한단다.

우리가 아무리 많은 생각을 하고 있다 하더라도 글이 없으면 생각을 정리하고 표현하기 어려울 거야. 수학에서도 마찬가지란다. 문자가 없으면 그 뜻을 전달하기가 어렵겠지.

많은 것이 기호로 표현되는 세상이야. 그중 특히 복잡한 수학 문제를 풀 때 문자를 사용하면 문제의 뜻을 한눈에 파악할 수 있어. 실제로 수학은 문자와 식으로 표현되어져야 살아 숨 쉴 수 있게 돼. 예를 들어, 방정식 $x+3=5$처럼 문자로 된 식은 전 세계 어느 나라에서든지 동일한 의미로

사용되고 있단다. 그러니까 수학을 공부하면 세계 어느 나라 사람들과도 원활한 의사소통을 할 수 있는 거야.

너희들 삼각형의 넓이 S를 구하는 공식, 기억하고 있지? 밑변의 길이가 $a$cm이고, 높이가 $h$cm인 삼각형의 넓이 S를 a와 h를 사용한 식으로 나타내면 어떻게 될까?

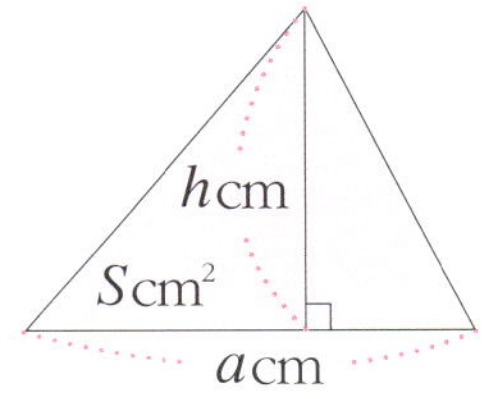

$$(삼각형의 넓이) = \frac{1}{2} \times (밑변의 길이) \times (높이)$$

즉 $S = \dfrac{ah}{2}$

다른 나라 수학 책에서는 삼각형의 넓이를 어떻게 설명하고 있는지 살펴볼까?

三角形の面積は

$$(面積) = (底辺) \times (高さ) \div 2$$

という式で求められる。底辺 $a$cm, 高さ $h$cm,
面積 Scm^2 とすれば, このことは

$$S = \frac{ah}{2}$$

というように, 文字を使った公式で表せる。

$$\underline{\text{Area of a triangle}}_{(S)} = \frac{1}{2} \times \underline{\text{base}}_{(a)} \times \underline{\text{height}}_{(h)}$$

The area formula is as follows : $S = \dfrac{ah}{2}$

$$\underline{三角形的面积}_{(S)} = \frac{1}{2} \times \underline{底}_{(a)} \times \underline{高}_{(h)}$$

三角形面积公式 : $S = \dfrac{ah}{2}$

프랑스의 고등법원 판사이자 16세기의 가장 위대한 수학자인 비에타 (Vieta, F. : 1540~1603)는 알파벳을 수 기호로 사용하여 대수학(숫자 대신에 일반적인 문자를 사용하여 수의 관계, 성질, 계산 법칙 따위를 연구하는 학문)의 기호화에 노력하였단다. 그는 수학에 관한 많은 책을 저술하였는데 마지막 것을 제외하곤 모두 비에타 자신의 경비로 인쇄하여 사람들에게 나누어 주었다고 해. 비에타의 가장 유명한 책인 『해석학 서설』은 기호대수(대수학에서 쓰는 기호)의 발전에 커다란 기여를 하였단다. 그는 복잡한 식을 보기 쉽게 바꾸려고 많은 노력을 했지.

실제로 옛날에는 식을 무척 복잡하게 썼단다. 그동안 많은 수학자들의 연구와 노력에 의해 복잡한 식이 아래처럼 간편하게 정리된 거야. 비에타의 노력이 결실을 보게 된 것이지.

$$2(x+3)+4(x-3)=2x+6+4x-12$$
$$=2x+4x+6-12$$
$$=6x-6$$

비에타는 수학에 일단 몰입하면 며칠 동안 밖으로 나오지도 않고 서재에만 있었다고 해. 오로지 수학만을 연구하고도 역사에 이름 한 자 남기지 못한 사람이 부지기수인데, 비에타는 판사라는 직업을 가지고 있으면서도 여가 시간에 수학을 연구해 많은 업적을 남겼단다. 놀랍지?

'문자와 식' 단원은 '수학적 의사소통' 능력과 추상적인 개념을 다룰 수 있는 수단을 제공해 주는 단원이란다. 예를 들어 서로 다른 언어를 사용하는 사람들도 밑변의 길이 a, 높이가 h인 삼각형의 넓이를 $\frac{ah}{2}$로 구한다는 것을 공부했잖니?(수학과 친해지기 2 참조) 또한 이 단원은 개별적인 수량 사이의 관계를 일반적으로 생각할 수 있도록 하는 방법을 제공해 주고 있기도 하단다. 예를 들어 한 변의 길이가 x인 정사각형의 둘레의 길이는 $4 \times x$로 표현하잖아.(수학과 친해지기 1 참조) 이것은 다양한 실생활 문제를 해결하는 데 아주 중요한 실마리가 되기도 하니까 선생님과 함께 열심히 공부해 보자꾸나.

수학은 '말'한다!
문자와 식으로

수학의 달인 수학을 잘하려면 공식을 한 자도 놓치지 말아야 해. 수학은 다른 과목과 달라서 대충 이해하고 문제를 많이 풀기만 하는 것보다 내용을 정확하게 이해하고 문제로 넘어가는 게 무엇보다 중요하거든. 공식을 이해한 후 암기할 때, 주어진 조건 하나라도 빼먹게 되면 낭패보기 쉽단다. 조건도 하나의 식 역할을 하기 때문이야. 따라서 수학 공식은 단 한 자도 놓치면 절대 안 된다는 사실을 꼭 명심할 것!

● 수학도 문자를 사용하면 편리해!

문자를 사용하여 수량과 수량 사이의 관계를 나타낸 식을 '문자를 사용한 식'이라고 한단다. 문자를 사용하여 식을 나타내면 수량과 수량 사이의 관계를 간단히 나타낼 수 있어 무척 편리해.

한 송이에 500원인 카네이션을 살 때, 카네이션 값을 식으로 나타내어 볼까?

500원짜리 카네이션을 1송이 사면 $500 \times 1 = 500$(원)

500원짜리 카네이션을 2송이 사면 $500 \times 2 = 1,000$(원)

500원짜리 카네이션을 3송이 사면 $500 \times 3 = 1,500$(원)

여기서 카네이션 값은 500원으로 고정되어 있지만, 카네이션의 개수는 변하니까 변수 x로 나타내야 해. 그럼 카네이션의 값은 $500 \times x$로 나타낼 수 있겠지? $500 \times x$는 간단히 $500x$로 쓰면 된단다.

● 곱셈식을 나타내는 방법은?

문자를 사용한 식에서는 곱셈 기호($\times$)를 생략한단다. 앞에서 카네이션의 값 $500 \times x$는 간단히 $500x$로 쓰면 된다는 거지. 그런데 $x500$으로 쓰지는 않는단다. 왜냐하면 수와 문자의 곱에서는 수를 문자 앞에 쓰거든. 그리고 문자 앞에 곱한 수 1은 생략한단다.

예를 들어, $1 \times x = x$, $x \times (-1) = -x$라고 쓰는 거야.

여기서 특히 주의해야 할 점이 있어. $2 \times a = 2a$로 쓸 수 있지만 $2 \times 3 = 23$으로 쓰면 절대 안 된다는 사실! $2 \times 3 = 6$이지 23이 아니잖아. 그러니까 숫자와 숫자의 곱에서는 곱셈 기호를 생략하면 안 된다는 것을 꼭 기억하도록!

● 나눗셈식을 나타내는 방법은?

문자를 사용한 식에서는 나눗셈 기호($\div$)도 사용하지 않는단다. 그 대신 분수의 꼴로 나타내.

예를 들어, $a \div b = a \times \dfrac{1}{b} = \dfrac{a}{b}$ (단, $b \neq 0$)가 되는 거야.

　　나눗셈 기호(÷)를 생략할 때는 역수를 이용해서 곱셈 기호로 바꾼다는 것을 꼭 기억해야 돼.

$$x \div (-3) = x \times \left(-\frac{1}{3}\right) = -\frac{x}{3}$$

　　이해가 되니? $-\dfrac{x}{3}$ 는 $-\dfrac{1}{3}x$ 와 같은 거란다.

　　또, 1이나 -1 로 나누는 경우는 곱셈식과 마찬가지로 1을 생략해.

$$a \div 1 = \frac{a}{1} = a, \quad a \div (-1) = \frac{a}{-1} = -a$$

　　그런데 너희들이 착각하기 쉬운 부분이 있어.

$$a - b \div 3 = \frac{a-b}{3}$$ 처럼 말이야.

　　뭐가 틀린 건지 모르겠다고? 선생님의 가르침을 잊었구나? 곱셈과 나눗셈이 덧셈과 뺄셈을 이긴다고 했잖아.

　　그러니까 $a - b \div 3 = a - b \times \dfrac{1}{3} = a - \dfrac{b}{3}$ 이렇게 해야 맞는 거야.

수량을 식으로 나타낼 수 있어!

문자를 사용한 식으로 수량을 나타낼 때에는 ×, ÷ 의 기호는 생략한단다. 또 단위가 서로 다른 수량의 합 또는 차를 식으로 나타낼 때에는 단위를 일치시켜야 해. 그리고 비율로 주어진 수량을 식으로 나타낼 때에는 분수 또는 소수를 사용한단다.

1%는 $\frac{1}{100}(=0.01)$

1할은 $\frac{1}{10}(=0.1)$

1푼은 $\frac{1}{100}(=0.01)$처럼 말이야.

문자를 사용한 식에서 자주 나오는, 수량 사이의 관계 중 너희들이 어려워하는 것 중 하나는 (거리)＝(시간)×(속도)야. (시간)×(속도)는 왜 거리가 될까? 선생님과 함께 생각해 보자꾸나. 먼저 속도에 대해 생각해 보자. 다음 두 가지의 경우 어느 쪽이 빠를까?

〈보기 1〉

진실이는 1시간에 운동장의 400m 트랙을 40바퀴 달린다.
민정이는 1시간에 운동장의 400m 트랙을 45바퀴 달린다.

걸리는 시간이 모두 1시간으로 같으니까 달린 거리가 많은 쪽이 더 빠르겠지? 그러니까 민정이가 더 빠른 거야. 다음의 경우를 보렴.

수정이는 400m를 1분 20초에 달린다.
민설이는 400m를 1분 10초에 달린다.

달린 거리가 같다면 걸리는 시간이 적은 쪽이 더 빠르겠지?
그러니까 민설이가 더 빠른 거구나. 그렇다면 다음의 경우는?

영애는 100m를 20초에 달린다.
하롱이는 108m를 21초에 달린다.

두 사람의 달린 거리와 시간이 모두 다를 때는 비교하기가 어렵지? 이런 경우, 〈보기 1〉처럼 달리는 시간을 맞추어 비교하든지, 〈보기 2〉처럼 달리는 거리에 맞추어 비교하든지 해야 해.

두 사람이 달린 시간을 1초에 맞추어 비교해 보면,

영애는 20초에 100m를 달리니까 1초에는

$$100\text{(m : 거리)} \div 20\text{(초 : 시간)} = 5\text{(m/초 : 속도)}$$

하롱이는 21초에 108m를 달리니까 1초에는

$$108\text{(m : 거리)} \div 21\text{(초 : 시간)} = \frac{36}{7}\text{(m/초 : 속도)}$$

따라서 1초에 더 많이 달린 하롱이가 영애보다 더 빠르단다. 여기서 얻은 수치 5와 $\frac{36}{7}$은 두 사람의 빠르기의 정도를 나타낸 수치야. 이 수치를 속도(빠른 정도)라 하고, 'm/초'로 나타낸단다. 'm를 초로 나눈 결과'란 뜻이야. 이와 같이 속도라는 것은 '단위 시간당 얼마나 달리는가?'를 나타내는 수치란다. 그러니까 속도에 시간을 곱하여 얻은 것은 그 시간 동안 달린 거리가 되는 거란다.

따라서 (거리)÷(시간)＝(속도)가 되고 이 식의 양 변에 시간을 곱하면 (거리)＝(시간)×(속도)가 된단다.

거리를 s, 시간을 t, 속도를 v라 하면 (거리)＝(시간)×(속도)는 $s=tv$가 되잖니? 여기서 양변을 t로 나누면 $\frac{s}{t}=v$, v로 나누면 $\frac{s}{v}=t$가 되는 거야. 이 세 식은 모두 같은 거란다.

● 식과 용어를 알아야 해!

대입 : 문자를 사용한 식에서 문자 대신 어떤 수로 바꾸어 넣는 것을 말해.

식의 값 : 식의 문자에 수를 대입하여 계산한 값을 말하지.

예를 들면, $x=-2$ 일 때 $3+x=3+(-2)=1$

항 : 수 또는 문자의 곱으로 나타내어진 식

상수항 : 문자 없이 수만으로 된 항

다항식 : 하나 이상의 항의 합으로 이루어진 식

단항식 : 다항식 중에서 하나의 항으로만 이루어진 식(예 : $5x$, $-xy$ 등)

계수 : 수와 문자의 곱으로 되어 있는 항에서 수 부분

차수 : 항에서 특정한 문자의 곱해진 개수

다항식의 차수란 건 뭘까? 다항식에서 차수가 가장 큰 항의 차수를 그 다항식의 차수라고 해. 특히 차수가 1인 다항식을 일차식이라고 한단다. 위의 용어들의 예를 들면, $3x^2+7x-1$은 다항식이고, 항은 $3x^2$, $7x$, -1이며 이 다항식의 상수항은 -1이야. 그리고 이 다항식의 차수는 2이고 x^2의 계수는 3, x의 계수는 7이란다.

● 동류항의 덧셈, 뺄셈은 어떻게?

동류항

'문자와 차수가 각각 같은 항'을 말해. $3x$와 $2x$, $-5a$와 $4a$처럼. 그런데 $3x^2$과 $2x$는 동류항이 아니란다. 왜냐하면 문자는 x로 같지만 차수가 서로 다르기 때문이야. $3x^2$은 이차이고 $2x$는 일차이거든. 하지만 상수항끼리는 항상 동류항이라는 사실을 잊지 말아야 해.

동류항의 덧셈

각 항의 계수의 덧셈에 문자를 곱하는 것을 말해.

$$3x+5x=(3+5)x=8x$$

동류항의 뺄셈

각 항의 계수의 뺄셈에 문자를 곱하는 것을 말해.

$$3x-5x=(3-5)x=-2x$$

 - - - - - 

$2x+3=5x$가 아닌가요?

너희들이 실수하기 쉬운 부분인데, $2x$와 3은
동류항이 아니란다. 2는 일차항이고 3은 상수항이
잖아. 동류항이 아니기 때문에 더할 수 없어.
다시 말해 $2x+3$은 더 이상 간단히 할 수 없는 식이지.

 - - - - - 

선생님, $y=3x$와 $d=3t$는
같은 식인가요?
다른 식인가요?

같은 식이란다. 두 식은 문자만 다르지,
내용은 같은 거란다.
동일한 식을 나타내기 위하여 다른 문자를 사용할 수
있어. 다시 말해서 서로 다른 문자는 반드시
서로 다른 것을 나타내야 한다고 생각하는 것은
잘못된 생각이야.

집합 A = {x|x는 8의 약수}와
집합 B = {y|y는 8의 약수}는
같은 집합인가요?

그렇지. 두 집합 A와 B는 다른 문자를
사용하고는 있지만 결국 {1, 2, 4, 8}이라는
같은 집합을 나타내는 거야.

$5x + 2y - 2x - 5y$에서
$5x$는 $-2x$와 동류항인가요?
아니면 $-5y$와 동류항인가요?

헷갈리지? 동류항이란 $5x$와 $-2x$처럼 숫자 말고
문자의 부분이 서로 같은 항을 말하는 거야.
그러니까 $-5y$는 $+2y$하고 동류항이란다.
이제 알겠니?

$a = -2$, $b = -3$일 때, $a^2 - b$의
값을 다음과 같이 구하면
안 되나요?
$a^2 - b = -2^2 - 3 = -4 - 3 = -7$
이렇게요.

음수의 거듭제곱과 차를 계
산할 때에는 주의를
해야 한단다.
틀리기 쉽거든. 잘 보렴.
$a^2 - b = (-2)^2 - (-3) = 4 + 3 = 7$이란다.
이제 알겠니?

간결하고 명확한 표현, 일차방정식

첫걸음 떼기

요즘 세상은 생활이 현대화되고 복잡해짐에 따라 해결해야 하는 문제도 참으로 많아졌단다. 단순한 사칙연산만으로는 해결할 수 없는 문제들이 산재해 있다고나 할까. 그렇지만 아무리 복잡한 상황이라도 방정식을 세우면 하나 또는 두 개의 식으로 간단하게 표현되는 경우가 많이 있지. 방정식은 자연현상이나 실생활의 복잡하고 다양한 상황을 간결하고 명확하게 표현해 주는 일종의 '요술방망이'인 셈!

역사 속의 일차방정식

인도의 천문학자이자 수학자인 바스카라(Bhaskara, Ⅱ : 1114~1185)는 수학에 대해 획기적이면서도 총체적인 이해를 하고 있었어. 그는 수학과 천문학에 관련된 책들도 아주 많이 썼단다. 당시 그는 '어떻게 하면 딱딱한 수학에 흥미를 느끼면서도 부드럽고 친근하게 접근할 수 있을까?'를 고민해 왔어.

그는 그런 고민의 결과로 딸을 위한 수학 책을 만들었는데, 책의 제목을 사랑하는 딸의 이름을 따서 『릴라바티』라고 하였단다. 외동딸 릴라바티를 위하여 수학 문제를 아름다운 시구로 엮어 쓰게 되었지. 『릴라바티』는 누가 보아도 문학적이면서도 자상하고 친근하며, 내용적으로도 수준 높은 훌륭한 책으로 오랫동안 사람들을 감동시켰다고 해. 『릴라바티』에 나오는 다음의 한 편의 시를 감상해 보렴.

벌 무리의
5분의 1은 목련꽃으로
3분의 1은 나팔꽃으로
그들의 '차'의 3배의 벌들은 진달래꽃으로 날아갔네.
남겨진 1마리의 벌은
백합 향기와 개나리 향기에 갈팡질팡하다가
두 사람의 연인에게 말을 시킬 것 같은 남자의 고독처럼
허공을 헤매고 있도다.
벌의 무리는 얼마 만큼인가.

전체 벌의 수를 묻는 문제라는 거 알겠지? 선생님과 함께 풀어 볼까? 먼저 구하는 수(전체 벌의 수)를 x마리라고 하고 앞의 시를 식으로 나타내어 보면 $x = \dfrac{x}{5} + \dfrac{x}{3} + 3\left(\dfrac{x}{3} - \dfrac{x}{5}\right) + 1$이 된단다.

여기서, 너희들이 주의해야 할 게 있어. 두 수의 차는 큰 수에서 작은 수를 뺀단다. $\dfrac{x}{3}$가 $\dfrac{x}{5}$보다 크기때문에 $\dfrac{x}{5} - \dfrac{x}{3}$가 아닌 $\dfrac{x}{3} - \dfrac{x}{5}$로 표현한 거야.

이 식을 풀기 위해 분모 3과 5의 최소공배수인 15를 양변에 곱하면, $15x = 3x + 5x + 15 \times 3 \times \left(\dfrac{x}{3} - \dfrac{x}{5}\right) + 15$이고, 분모를 통분하면 $15x = 3x + 5x + 6x + 15$가 되지.

이 식을 풀면 $x = 15$

따라서 벌은 모두 15마리임을 알 수 있어.

중국을 울린 조선 시대 수학자, 홍정하

조선 숙종과 영조 때의 수학자인 홍정하는 대대로 수학을 연구하는 수학자 집안에서 자랐단다. 조선 시대에는 가족 전부가 산학을 연구하는 경우가 많았거든. 그의 아버지와 조부, 외조부 그리고 장인까지 수학자였어. 홍정하는 20세에 산학 과거에 합격하여 산학교수를 지내기도 했어. 그가 쓴 수학 책 『구일집』에는 다음과 같은 일화가 소개되어 있단다.

숙종 때 한양에서 조선과 중국의 수학자들이 수학에 대해 토론을 벌이고 있었어. 당시에는 공부를 대화하는 식으로 했단다. 대화와 토론을 통해 생각의 부족함을 채우고, 새로운 것을 발견하며, 어려운 문제를 풀어나가려 했거든.

홍정하는 당시 중국의 대수학자이던 하국주를 만나 "아무것도 모르니 산학을 가르쳐 주십시오."라고 말했고, 하국주는 우쭐대며 "이런 문제를 알겠는가?" 하는 얕보는 마음으로 간단한 문제를 내어 조선의 수학자들을 시험했단다.

"360명이 한 사람마다 은을 1냥 8전씩 낸다면 그 합계는 얼마나 되겠소? 그리고 은 351냥이 있소. 쌀 1가마니의 값이 은 1냥 5전이라면 몇 가마니를 구입할 수 있겠소?"

어릴 적부터 산학 문제를 풀면서 실력을 갈고 닦은 홍정하는 쉽게 답을 알 수 있었어.

"앞 문제의 답은 648냥이고, 다음 문제의 답은 234가마니입니다."

홍정하가 금방 문제를 풀자 하국주가 깜짝 놀랐어. 홍정하는 "이런 방정식은 그리 어려운 것이 아니다."라고 말하며 '산목'을 이용하여 계산하는 방법을 알려 주었지. 하국주는 더 어려운 도형 문제도 냈지만 홍정하는 그 것도 금방 풀어 냈단다.

이를 옆에서 지켜보던 한 중국 사신이 홍정하의 실력을 얕잡아 보고 하국주의 체면을 살리기 위해 홍정하에게도 수학 문제를 내보라고 제안하였단다.

그런데 홍정하가 다음과 같은 문제를 냈어.

"공 모양의 옥이 있는데, 그 안에 정육면체가 들어가 있다고 상상할 때, 정육면체 이외의 옥의 무게는 265근 15냥 5전이고, 껍질의 두께는 4치 5 푼이오. 옥의 지름과 내접하는 정육면체의 한 변의 길이는 어떻게 되오?"

당황한 하국주는 "내일 이 문제를 풀어 답을 보여 드리겠다." 하고는 물러갔지만 다음 날도 답을 내지 못했다고 해.

정말 자랑스럽지 않니? 조선 시대에도 이렇게 뛰어난 수학자가 있었다는 것이!

'방정식(方程式)'이라는 용어는 고대 중국에서 쓰인 동양 최고의 수학 책인 『구장산술(九章算術)』에 나오는 말에서 유래한다고 해. 이 책의 제8장인 「방정」에 방정식의 해를 구하는 것이 있는데, 오늘날의 방정식의 뜻과는 다른 의미로 사용되었어. 당시 '방정'의 뜻은 '수를 늘어놓는 모양', '오른쪽이나 왼쪽으로의 계산 과정 또는 비교 과정'이라고 전해진단다.

너희들, 세계에서 가장 오래된 수학 책이 무엇인지 궁금하지 않니?

그건 『린드 파피루스』야. 이것은 기원전 1650년경 이집트의 수학 책인데, 세계에서 가장 오래된 수학 책이라고 할 수 있단다. 영국의 수집가 린드가 1858년 이집트에서 발견했기 때문에 린드 파피루스라고 해. 현재는 대영박물관에 보관되어 있다고 하는구나. 파피루스라는 풀의 줄기를 겹쳐 말린 것에 실용적인 수학 문제들이 쓰여 있다고 하는데 당시 이집트의 왕실 기록원으로 일하던 아메스가 그 수학 문제를 기록했단다. 그래서 『아메스 파피루스』라고도 하지.

   당시에는 미지수를 문자로 나타내는 방법을 몰랐거든. 그래서 미지수를 '아하'로 나타내었는데, 『린드 파피루스』에는 처음으로 한 개의 미지수를 갖는 일차방정식의 문제와 해결 방법이 등장한단다. 그중 하나의 문제를 살펴볼까?

   "아하에 아하의 $\frac{1}{7}$ 을 더하면 19가 된다. 아하를 구하여라."

   이 문제는 '아하 문제'로 불리기도 하는데, 옛날의 풀이는 요즈음 우리가 알고 있는 것과는 달리 가정법을 사용하고 있어. 잘 보렴.

   예를 들어, '아하'를 7이라고 가정하면, $7 + \frac{1}{7} \times 7 = 8$ 이 나와.

   원하는 값은 8이 아닌 19이므로, 8을 19로 만들기 위해서는

$$8 \times 2 + 8 \times \frac{1}{4} + 8 \times \frac{1}{8} = 16 + 2 + 1 = 19$$로 만든단다.

따라서 7에도 같은 방법으로 계산하여

$$7 \times 2 + 7 \times \frac{1}{4} + 7 \times \frac{1}{8} = 14 + \frac{7}{4} + \frac{7}{8} = \frac{133}{8}$$

즉 구하는 '아하'는 $\frac{133}{8}$이 되는 거야. 옛날에는 아주 복잡하게 풀었지?

이후 일차방정식은 아라비아의 수학자 알콰리즈미(Al-Khwarizmi : 780~850)에 의해서 오늘날과 같이 체계적으로 다루어졌어. 알콰리즈미는 830년경에 쓴『복귀와 소거의 책』에서 이항과 동류항을 정리하는 방법을 이용하여 일차방정식의 근을 찾아냈단다. 하지만 방정식을 다룬 고대에는 식이라는 것이 없었고 모두 말로 설명하고 풀이를 하였다고 해. 현대식 기호 체계는 앞에서 말했듯이 16세기 프랑스의 수학자 비에타에 의해 비로소 확립됐단다.

그럼, 오늘날 '아하 문제'를 어떻게 푸는지 살펴볼까?

'아하'를 x라 하면, 다음과 같은 방정식을 얻을 수 있어.

$$x + \frac{1}{7}x = 19$$

등식의 양변에 7을 곱하여 정리하면 $7x + x = 133$이고

$8x = 133$이니까 양변을 8로 나누면

$$x = \frac{133}{8}$$이 되는 거야.

이러한 기호 체계 덕분에 오늘날 식이 훨씬 쉽다는 것을 알 수 있겠지?

방정식과의 첫 만남!

수학의 달인 수학을 잘하려면 무엇보다도 끈기가 있어야 해. 역사적으로 수학에 위대한 업적을 세운 사람들 중 프랑스의 비에타는 수학에 몰두하기 시작하면 몇 날 며칠을 서재에서 나오지 않았다고 하는구나. 너희는 시작하면 반드시 끝장을 보고 마는 성격이니? 아니면 조그마한 어려움에도 쉽게 포기하는 성격이니?

● 등식, 방정식, 항등식 구별하기

등식

두 수 또는 두 식이 같다는 것을 등호($=$)를 사용하여 나타낸 식을 말한단다. 왼쪽을 좌변, 오른쪽 부분을 우변이라 하고, 좌변과 우변을 통틀어 양변이라고 해.

$$x+3=2$$

좌변　우변
양변

또 등식에서 등호가 성립하면 '참', 성립하지 않으면 '거짓'이라고 한단다.

등식 중에서, $x-1=3$처럼 문자 x의 값에 따라 참이 되기도 하고, 거짓이 되기도 하는 등식을 x에 관한 방정식이라고 하고, 이때 문자 x를 '미지수'라고 해.

방정식을 참이 되게 하는 x의 값은 4이잖니? 여기서 $x=4$를 방정식의 '해' 또는 '근'이라고 하는데, 해는 '방정식을 참이 되게 하는 미지수의 값'을 말하는 거야.

등식 중에서 방정식과는 달리 x의 값에 관계없이 항상 참이 되는 등식을 말해. 예를 들어, $5(x-1)=5x-5$와 같은 식은 x의 값에 관계없이 항상 참이잖니?

이처럼 항상 참인 등식을 항등식이라 하는 거야. 항등식의 좌변을 정리하면 우변이 되기 때문에 언제나 좌변과 우변이 같아서 이 등식을 만족하는 x는 무수히 많단다.

● 등식은 어떠한 성질을 가지고 있을까?

등식은 여러 가지 성질을 가지고 있어. 이 성질들은 일차방정식을 푸는 '이항(등식, 부등식의 한 변에 있는 항을 그 부호를 바꿔 다른 변으로 옮김)'의 바탕이 되는 것이기 때문에 꼭 알아야 해. 등식의 성질을 이용하여 방정식을 변형해도 그 '해'는 변하지 않거든. 잘 보렴.

① 등식의 양변에 같은 수를 더해도 등식은 성립한다.

$a=b$이면 $a+c=b+c$

② 등식의 양변에서 같은 수를 빼도 등식은 성립한다.

$a=b$이면 $a-c=b-c$

③ 등식의 양변에 같은 수를 곱해도 등식은 성립한다.

$a=b$이면 $ac=bc$

④ 등식의 양변을 0이 아닌 같은 수로 나누어도 등식은 성립한다.

$a=b$이면 $\dfrac{a}{c}=\dfrac{b}{c}$ (단, $c\neq0$)

● 이항을 이용하여 일차방정식 풀기

이항

등식의 성질에 의하여 등식의 한 변에 있는 항을 부호를 바꾸어 등식의 다른 쪽 변으로 옮기는 것을 말해.

'+를 이항하면 −가 되고, −를 이항하면 +가 된다.'는 사실을 꼭 기억하도록! 선생님이 예를 들어 줄게.

$2x-1=3$에서 좌변의 -1을 우변으로 이항하면 $2x=3+1$

따라서 $2x=4$이니까 $x=2$가 되는 거야.

◉ **도우미 : 이항은 등식의 성질을 이용한 것**

이항은 등식의 성질 중 '등식의 양변에 같은 수를 더하거나, 같은 수를 빼어도 등식은 성립한다.'를 이용한 거란다. 그러니까 앞에서 말한 등식의 성질 ①, ②에 의해서 이루어진 거야. 잘 보렴.

$2x-1=3$에서 좌변의 -1을 없애기 위해 양변에 1을 더해 주면 $2x-1+1=3+1$이 되고, 이것을 정리하면 $2x=3+1$이 되겠지? 여기서 양변을 잘 살펴봐. 좌변의 -1이 $+1$을 만나면서 없어지고 우

변에 +1이 생겨났잖아? 이건 좌변의 −1이 우변으로 옮겨가면서 +1로 바뀐 거나 마찬가지야. 바로 이것을 '이항'이라고 한단다.

그런데 여기서 너희들이 주의할 게 있어. $ax=b$를 $x=\dfrac{b}{a}$로 바꾸는 것은 이항이 아니란다. 이건 그냥 양변을 a로 나누는 것일 뿐이야. 혼동하지 말렴.

일차방정식

일차방정식이란 방정식의 오른쪽 부분의 모든 항을 왼쪽 부분으로 이항하여 동류항을 정리했을 때, 왼쪽 부분이 x의 일차식이 되는 방정식을 말해. 즉 $ax+b=0$(단, $a\neq0$)의 꼴로 나타내어지는 방정식을 말하는 거야.

그러니까 일차방정식을 풀 때 이항을 이용한다, 이 말씀!

● 일차방정식의 풀이는 어떻게?

일차방정식은 다음과 같은 순서로 풀면 되는 거야.

① x를 포함하는 항은 등호의 좌변으로, 상수항은 등호의 우변으로 이항한다.

② 등호의 양변을 정리하여 $ax=b\,(a\neq0)$의 꼴로 고친다.

③ x의 계수로 양변을 나눈다. 즉 $x=\dfrac{b}{a}$

예를 들어 볼까? 방정식 $3x-5=x+1$을 풀어 보자꾸나.

먼저 x를 포함하는 항을 등호의 좌변으로, 상수항을 등호의 우변으로 이항하면 $3x - x = 1 + 5$가 되고, 양변을 정리하면 $2x = 6$. 여기서 양변을 x의 계수 2로 나누면 $x = 3$이 되는 거야. 쉽지?

일차방정식의 해는 일반적으로 한 개인데, 특수한 경우가 있어. $x+x=2x$(정리하면 $0=0$)처럼 $0=0$의 꼴로 변형되는 등식의 해는 '모든 수'가 돼. 왜냐하면 x 대신에 어떤 수를 대입해도 등식이 참이 되니까. 그래서 모든 수가 답이 된다는 뜻이지.

또 $x-2=x+2$(정리하면 $0=4$)처럼 '$0=(0$이 아닌 수$)$'의 꼴로 변형되는 등식의 해는 '없다.' 는 사실을 꼭 기억하도록! 좌변이 0인데, 우변이 0이 아닐 수는 없잖아. 그러니까 해가 없지.

● 계수가 소수 또는 분수인 일차방정식의 풀이는?

① 계수가 소수인 경우는 방정식의 양변에 10, 100, 1000, …을 곱하고 계수가 분수인 경우는 분모의 최소공배수를 양변에 곱하여 계수를 정수로 고친다.

② 괄호가 있으면 괄호를 풀고 정리한다.

③ x를 포함하는 항은 등호의 좌변으로, 상수항은 등호의 우변으로 이항한다.

④ 등호의 양변을 정리하여 $ax=b$(단, $a\neq0$)의 꼴로 고치고 x의 계수 a로 양변을 나눈다.

● 일차방정식의 활용, 어렵지 않아!

일차방정식의 활용 문제는 다음과 같이 풀면 된단다.

① 주어진 문제의 뜻을 파악하고, 구하고자 하는 수를 미지수 x로 놓는다.

② 문제의 뜻에 알맞은 방정식을 세운다.

③ 방정식을 푼다.

④ 구한 해가 문제의 뜻에 맞는지를 확인한다.

● 도우미 : 문제의 답을 다시 확인하자!

구한 해가 문제의 뜻에 맞는지 확인하는 방법은 '대입'해 보거나, 활용 문제의 답으로 적당한가를 확인하는 거야. 예를 들어 구하라고 하는 x가 '사람 수'일 때, x의 값이 분수나 소수가 나왔다면 적당하지 않은 거겠지?

활용 문제의 예를 하나 들어 줄까? 잘 보렴.

현재 어머니의 나이는 42세, 딸의 나이는 13세이다. 어머니의 나이가 딸의 나이의 2배가 되는 때는 몇 년 후인가?

구하고자 하는 것은 '몇 년 후'니까 x년 후라 놓으면, x년 후 어머니의 나이는 $42+x$세, 딸의 나이는 $13+x$세가 되잖니? 식을 세워 보자.

$42+x = 2(13+x)$ ⋯① 이것을 풀면,

$$42+x = 26+2x$$

$$\therefore \ x = 16$$

따라서 16년 후가 답이 되는 거야.

검산해 볼까? 16을 ①의 x에 대입하면, $42+16 = 2(13+16)$ 이지.

58＝58 그러니까 정답이지? 등호가 성립하잖아.

활용 문제를 풀 때는 구한 해가 문제의 뜻에 맞는지를 꼭 확인해야 해. 일차방정식의 활용에서는 근이 하나이니까 별 문제가 없지만, 뒤에 나오는 이차방정식의 활용 문제에서는 두 개 중 하나만 근이 되는 경우가 많이 있거든. 그래서 반드시 검산을 하는 습관을 들여야 한단다. 잊지 말도록!

**방정식의 양변을
0으로 나누면 안 되는
이유가 뭔가요?**

먼저, 방정식 $x-1=2x-2$의 해를 구해 보자꾸나.
우변을 2로 묶으면 $x-1=2(x-1)$이고,
양변을 $x-1$로 나누면 $1=2$
좀 이상하지? 위의 식을 잘 보면 뭔가 잘못된 것을
발견할 수 있을 거야. 양변을 $x-1$로 나누었잖니?
그런데 방정식 $x-1=2x-2$의 해는 $x=1$이잖아.
그러니까 양변을 $x-1$로 나눈다는 것은 실제로는 0으로
나눈 셈이 되는 거지. 등식의 양변을 0으로
나눔으로써 $1=2$라는 엄청난 모순을 가져오게 된 거야.
$1=2$가 되면 우리가 알고 있는 수학 상식은
모두 뒤죽박죽이 되어 버리고 만단다. 잘 보렴.
$1=2$의 양변에 1을 더하면 $2=3$
$2=3$의 양변에 1을 더하면 $3=4$
$$\vdots$$
이렇게 되면 모든 수의 크기가 같아지잖아. 그러니까
등식의 양변을 0으로 나누는 것은 절대 금물!

방정식 $-\dfrac{3x-3}{5}=3(\dfrac{1}{3}x+1)$ 을 다음과 같이 풀었는데요, 어디가 틀린 거죠?

양변에 5를 곱하면,

$-3x-3=15(\dfrac{1}{3}x+1)$

괄호를 풀면,

$-3x-3=5x+15$

등식의 성질을 이용하여 정리하면, $8x=-18$

$\therefore x=-\dfrac{9}{4}$

양변에 5를 곱할 때 실수를 했구나. 잘 보렴.

$-\dfrac{3x-3}{5}=3(\dfrac{1}{3}x+1)$

양변에 5를 곱하면, $-(3x-3)=15(\dfrac{1}{3}x+1)$

괄호를 풀면, $-3x+3=5x+15$

등식의 성질을 이용하여 정리하면,

$8x=-12$

$\therefore x=-\dfrac{3}{2}$

이렇게 해야 맞는 거야. 이제 알겠니?

전개와 인수분해는 거꾸로 친구

첫걸음 떼기

수를 소인수분해하면 약수를 찾거나 약분할 때 편리하듯이, 식을 인수분해하면 방정식의 해를 구할 때 아주 편리하므로 꼭 기억해야 한단다. 식을 '전개하는 것'과 '인수분해하는 것'은 서로의 계산 방식을 반대로 적용하면 돼. 그런데 특별한 형태의 경우에는 공식으로 만들어서 외우면 여러모로 편리하단다. 그래서 만들어진 것이 '곱셈 공식'과 '인수분해 공식'이지.

파스칼, 삼각형으로 곱셈 공식을 말하다!

너희들 '파스칼의 삼각형' 기억하니? 선생님이 집합 단원에서 부분집합의 개수를 구할 때 이용하면 편리하다고 했잖아. 그런데 곱셈 공식을 기억할 때도 파스칼의 삼각형이 유용하게 쓰인단다.

파스칼(Blaise Pascal : 1623~1662)은 어렸을 때 몸이 아주 허약했단다. 그래서 과로하지 않도록 주로 집 안에만 있었다고 해. 파스칼의 아버지는 특이한 교육관을 가지고 있었는데, '아이들 교육은 처음에는 언어 공부에 한하여야 한다.'는 거였어. 15세 이전에는 수학을 가르치지 않는 것이 좋다고 생각했던 거지. 수학에 관련된 책자를 집에서 치워 버리고, 학습에서 수학을 배제시킨 것이 오히려 소년의 호기심을 불러일으켰단다.

파스칼은 가정교사에게 기하학의 특성에 관하여 질문하였는데, 가정교사의 설명과 아버지의 수학 금지 명령에 자극받아 노는 시간을 포기하면서까지 몇 주 만에 스스로 도형의 많은 성질들을 발견하였단다. 수학에 비상한 능력을 보였던 파스칼은 13세에 다음과 같은 수의 피라미드를 발견했어. 그런데 이것은 수학 공부를 하는 데 참으로 유용하게 사용된단다.

$(a+b)^1$의 계수

$(a+b)^2$의 계수

$(a+b)^3$의 계수

$(a+b)^4$의 계수

$(a+b)^5$의 계수

$$
\begin{array}{ccccccccc}
 & & & & 1 & & 1 & & \\
 & & & 1 & & 2 & & 1 & \\
 & & 1 & & 3 & & 3 & & 1 \\
 & 1 & & 4 & & 6 & & 4 & & 1 \\
1 & & 5 & & 10 & & 10 & & 5 & & 1
\end{array}
$$

선생님이 예를 들어 설명해 줄게. 잘 보렴.

$(a+b)^2$이란 $a+b$를 두 번 곱하는 거야.

전개하면,

$(a+b)^2=(a+b)(a+b)=a^2+2ab+b^2$이 된단다.

여기서 각 항의 계수들을 잘 살펴보면 1, 2, 1이 되잖니? 이것이 파스칼의 삼각형 2번째 줄이 되는 거야.

마찬가지로 $(a+b)^3=(a+b)(a+b)(a+b)=a^3+3a^2b+3ab^2+b^3$도 각 항의 계수들이 1, 3, 3, 1로 파스칼의 삼각형의 세 번째 줄이라는 거 눈치 챘지? 너희들은 아느냐? 파스칼은 프랑스의 수학자이자 물리학자이고 또 종교 철학가였다는 사실을. 한 가지만 하기도 바쁜데 도대체 몇 가지를 한 거야. 너희들 좀 반성되지 않니?

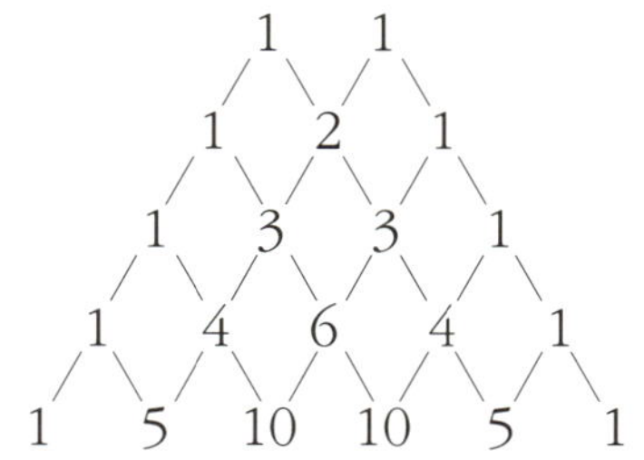

방정식에 대한 연구는 오래전부터 진행되어 왔어. 여러 나라에서 연구를 통해 방정식을 발전시켜 왔단다.

일차방정식 ⇒ 이집트와 바빌로니아인

이차방정식 ⇒ 인도인

삼차방정식, 사차방정식 ⇒ 이탈리아인

위와 같이 오래전부터 방정식을 연구해 왔기에 오늘날의 일반적인 해법들이 발견되었던 거야. 하지만 오차방정식에 대한 일반적인 해법은 아벨 이전에는 발견되지 않았단다.

아벨(Neils Henric Abel : 1802~1829)은 노르웨이의 조그만 마을에서 대를 이어 온 목사의 아들로 태어났어. 불우한 환경에서도 아벨은 우수한 성적으로 중학교에 장학생으로 입학하였는데, 이 학교의 홀름보에라는 훌륭한 교사에게서 수학을 배우게 되었단다. 그것이 인연이 되어 그때부터 수학적 재능을 발휘하게 되었지. 아벨은 수학에 너무 열중했기 때문에 다른 과목을 등한시했대. 그래서 다른 과목의 선생님들에게서는 좋은 평을 받지 못했다고 해.

아벨이 중학 시절부터 대학 시절까지 줄곧 생각하고 연구하던 것은 오차방정식의 문제였단다. 대학을 졸업한 지 2년 후인 1824년에는 『오차의 대수방정식을 풀 수 없다는 것을 증명한 어떤 대수방정식에 대한 연구 보고』를 출판했지.

후에 아벨 탄생 200주년을 기념하는 뜻에서 '아벨상'을 제정했단다. 매년 순수·응용 수학 분야의 심도 있고 영향력 있는 한 명에게 주어지는 것이 원칙이지만, 공동으로 받을 수도 있다고 해. 여러 사람들이 서로 밀접하게 관련되어 큰 성과를 낸 경우에는 말이야. 너희들도 열심히 공부해서 아벨상에 도전해 보는 것이 어때?

칠교판을 이용한 칠교놀이를 해본 적 있니?

칠교놀이란 정사각형의 나무판을 각기 다른 모양의 7개 조각으로 나눈 다음, 이들 조각으로 여러 가지 모양의 도형을 만드는 놀이를 말해. 기원 전부터 중국에서는 손님이 찾아왔을 때, 음식을 준비하는 동안 손님이 지루하지 않도록 칠교판을 제공하였다고 하더구나. 유럽인들은 칠교놀이를 '탱그램(Tangram)'이라고 불렀단다.

칠교판

칠교판을 이용하여 만들 수 있는 모양

7개의 조각으로 인물, 동물, 식물, 기물, 건축물, 지형, 글자 모양 등 여러 가지 모형을 만드는데, 반드시 7개의 조각을 모두 사용해야 해. 여기서 주목할 것이 있어!

이렇게 다양한 모형들의 넓이는?

아무리 복잡한 모형이라도 처음에 주어진 칠교판은 정사각형이었다는 사실을 기억한다면, 다양한 모형들의 넓이는 모두 같다는 걸 알 수 있을 거야. 그리고 정사각형의 넓이 또한 쉽게 구할 수 있겠지?

이처럼 복잡하게 표현된 다각형은 정사각형이나 직사각형 모양으로 변형시킨 뒤 넓이를 구하면 아주 쉬워! 마찬가지로 복잡한 숫자나 식도 숫자끼리 또는 같은 식끼리 모으면 넓이를 간단히 구할 수 있단다. 이런 사실에 착안해서 만든 공식이 곱셈 공식이야. 선생님이 곱셈 공식의 예를 하나 들어 줄게, 잘 보렴.

아래와 같이 4개의 직사각형의 넓이의 합을 구하려고 해. 각각의 넓이를 구해서 더하는 것이 빠를까? 아니면 4개의 직사각형을 합쳐서 하나의 직사각형으로 만들어 넓이를 구하는 것이 빠를까?

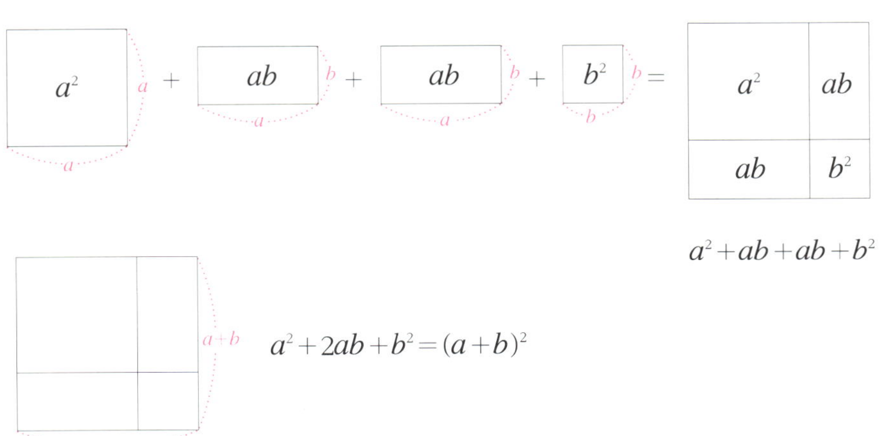

당연히 후자가 계산이 훨씬 빠르다는 거 눈치 챘니? 어때, 근사하지?

공식은 암기가
아니라 이해!

수학의 달인 수학은 '따라 하기'가 아니란다. 학생들은 선생님이 문제를 풀면, 그대로 따라 하는 것을 수학 공부라고 생각하는 거 같아. 하지만 그건 절대 아니란다. 내용이 쉬운 '초등 수학'은 따라 해도 큰 문제는 없을 것 같아. 하지만 중학생부터는 달라져야 해. 선생님이 수학을 가르쳐 줄 때를 기다리기 전에 먼저 예습을 해야 한단다. 스스로 생각해 보는 능력, 이것이 가장 중요해. 학년이 올라가면서 수학은 내용이 걷잡을 수 없이 복잡해지거든. '따라 하기'로는 수학을 감당하기가 어렵단다!

● 전개보다 빠른 '곱셈 공식'

너희들 정수와 유리수의 사칙연산에서 배운 분배법칙 기억하니?

$$a(b+c) = ab + ac$$

분배법칙을 이용한 '전개'라는 게 있단다. 2개 이상의 '단항식과 다항식' 또는 '다항식과 다항식'의 곱을 하나의 다항식으로 나타내는 것을 '전개한다.' 하고, 전개하여 얻은 식을 '전개식'이라고 해. 잘 모르겠다고?

다음을 잘 보렴.

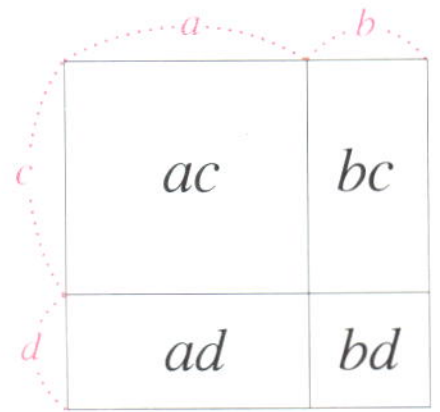

$$(a+b)(c+d) = \underset{①}{ac} + \underset{②}{ad} + \underset{③}{bc} + \underset{④}{bd}$$

이 전개식은 가로가 $a+b$, 세로가 $c+d$인 직사각형의 넓이를 계산한 것과 같아. 잘 보렴.

여기서 큰 직사각형의 넓이는 작은 직사각형 4개를 더한 것과 같아. 전개하는 순서는 꼭 위와 같이 해야 하는 건 아니고 ①, ②, ③, ④ 중 어느 것을 먼저 해도 돼. 그런데 식을 무조건 일일이 전개할 것이 아니라 특별한 형태의 경우에는 공식으로 만들어 사용하면 편리하단다. 그래서 곱셈 공식이 탄생한 거야. '빠른 전개'인 셈이지.

곱셈 공식은 인수분해(인수분해는 곱셈 공식의 역)할 때 그 진가가 발휘되니까 꼭 외워 둬야 해. 만약 공식을 못 외웠다면 당황하지 말고 분배법칙을 이용하여 전개하면 된단다.

● 방정식의 해를 구할 때 편리한 '인수분해'

수 6을 2×3으로 나타낼 때 2, 3을 6의 '소인수'라고 하듯이
식 x^2+3x+2를 $x^2+3x+2=(x+1)(x+2)$로 나타낼 때
$x+1$, $x+2$를 x^2+3x+2의 '인수'라고 한단다.
'인수분해'는 하나의 다항식을 두 개 이상의 인수들의
곱으로 나타내는 것을 말하는 거야.

$$x^2+3x+2 \xrightarrow[\text{전개}]{\text{인수분해}} (x+1)(x+2)$$

이때 주의해야 할 게 있어.

식을 전개할 때 분배법칙 $a(b+c)=ab+ac$를 이용해서 하는 거라고 했잖니? 그런데 인수분해는 곱셈 공식의 역이니까 분배법칙을 거꾸로(역으로) 써야 해. 그러면 $ab+ac=a(b+c)$이잖아.

그러니까 인수분해할 때 각 항에 공통인수가 있으면 먼저 공통인수로 묶은 다음에 인수분해 공식을 적용해야 한다는 거야. 어때, 이해가 되니?

● 곱셈 공식 베스트 5

① $(a+b)^2=a^2+2ab+b^2$

② $(a-b)^2=a^2-2ab+b^2$

③ $(a+b)(a-b)=a^2-b^2$

④ $(x+a)(x+b)=x^2+(a+b)x+ab$

⑤ $(ax+b)(cx+d)=acx^2+(ad+bc)x+bd$

이 다섯 가지는 꼭 외워야 해. 선생님이 알기 쉽게 설명해 줄게. 잘 보렴.

①은 각 항을 전개하고 동류항끼리 정리하면 되는 거야.

$$(a+b)(a+b)=a^2+ab+ba+b^2=a^2+2ab+b^2$$

②도 역시 각 항을 전개하고 동류항끼리 정리하면 되는 거야.

$$(a-b)(a-b)=a^2-ab-ba+b^2=a^2-2ab+b^2$$

③은 '합차 공식'이라고 하는데 전개해서 정리하면 되는 거야.

$$(a+b)(a-b)=a^2-ab+ab-b^2=a^2-b^2$$

④는 전개해서 동류항을 정리하면 되고.

$$(x+a)(x+b)=x^2+bx+ax+ab=x^2+(a+b)x+ab$$

⑤는 좀 복잡하지만 집중하면 쉽게 외울 수 있단다.
역시 전개해서 동류항을 정리하면 된단다.

$$(ax+b)(cx+d)=acx^2+adx+bcx+bd$$
$$=acx^2+(ad+bc)x+bd$$

● 분모의 유리화에도 곱셈 공식이 쓰인다

분모에 무리수가 있는 경우에도 곱셈 공식 $(a+b)(a-b)=a^2-b^2$을 이용하면 근호가 포함된 분수의 분모를 유리화할 수 있단다.

$$\frac{1}{2+\sqrt{3}}=\frac{2-\sqrt{3}}{(2+\sqrt{3})(2-\sqrt{3})}=\frac{2-\sqrt{3}}{2^2-(\sqrt{3})^2}=2-\sqrt{3}$$

곱셈 공식을 알면 여러모로 쓸모 있다는 것을 알겠지?

● 인수분해의 뜻은?

인수

하나의 다항식이 두 개 이상의 다항식이나 단항식의 곱으로 나타내어 질 때 그 각각의 식을 '인수'라고 한단다.

인수분해

하나의 다항식을 두 개 이상의 인수들의 곱으로 나타내는 것을 말한단 다.

$$x^2 + 5x + 6 \xrightarrow[\text{전개}]{\text{인수분해}} \underset{\text{인수}}{(x+2)} \underset{\text{인수}}{(x+3)}$$

공통인수

다항식의 각 항에 공통으로 들어 있는 인수를 말해.

$$ma + mb = m\underset{\text{공통인수}}{(a+b)}$$

인수분해할 때, 제일 먼저 생각해야 하는 것은 바로 공통인수로 묶는 거야.

인수분해 공식 베스트 6

① $ma + mb = m(a+b)$

② $a^2 + 2ab + b^2 = (a+b)^2$

③ $a^2 - 2ab + b^2 = (a-b)^2$

④ $a^2 - b^2 = (a+b)(a-b)$

⑤ $x^2 + (a+b)x + ab = (x+a)(x+b)$

⑥ $acx^2 + (ad+bc)x + bd = (ax+b)(cx+d)$

인수분해는 제일 먼저 공통인수로 묶어야 한다고 했잖니?

①은 바로 그런 뜻을 나타낸 거야.

②, ③은 완전제곱식이라고 하는데, '완전제곱식'이란 다항식의 제곱으로 된 식이나 이 식에 상수를 곱한 식을 말하는 거야.

$(a+b)^2$, $-2(x-1)^2$ 처럼 말이야.

인수분해 공식은 곱셈 공식의 과정을 반대로 한 것이니까 왜 그렇게 되는지는 설명 안 해도 알겠지? 모른다고? 공식의 우변을 전개해 보렴. 그럼 좌변이 나오잖아.

④는 '합, 차의 곱'이라고 한단다.

$$a^2 - b^2 = (a+b)(a-b)$$

두 수의 합　두 수의 차

$x^2 - 81$을 인수분해할 때 합, 차의 곱을 쓰면 아주 편리해.

$x^2 - 81 = (x+9)(x-9)$ 이렇게 말이야.

⑤는 x^2의 계수가 1인 이차식의 인수분해 공식이야.

$$x^2 + (a+b)x + ab = (x+a)(x+b)$$

두 수의 합　두 수의 곱

그러니까 곱해서 상수항인 ab가 나오는 두 수 a, b를 찾아서 그것들을 더한 $a+b$가 일차항의 계수가 맞으면 $(x+a)(x+b)$처럼 인수분해하면 되는 거란다.

$$x^2 + (a+b)x + ab = (x+a)(x+b)$$

x^2+3x+2를 예로 들면, 더해서 3, 곱해서 2가 되는 두 수 1, 2를 찾아서 아래와 같이 하면 된단다.

$$x^2+3x+2=(x+1)(x+2)$$

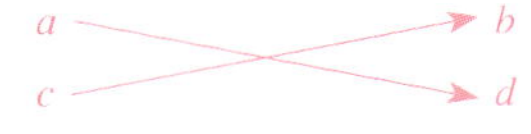

⑥은 너희들이 가장 어려워하는 공식이야.

$$acx^2+(ad+bc)x+bd=(ax+b)(cx+d)$$

예를 들어 줄까?

$$4x^2+8x+3=(2x+3)(2x+1)$$

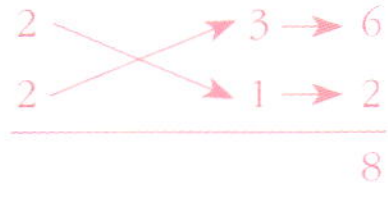

곱해서 이차항의 계수 4가 나오는 수는 1, 4 또는 2, 2이고, 곱해서 상수항인 3이 나오는 수는 1, 3이야. 그중 곱해서 더한 수가 일차항의 계수 8이 나와야 되거든. 그래서 2, 2와 1, 3을 찾아 두 인수 $2x+3$, $2x+1$을 찾고, 그것을 곱한 거야. 좀 어렵지? 자꾸 연습하면 익숙해진단다.

● 복잡한 식의 인수분해는 어떻게 할까?

식이 복잡한 경우 아래의 방법을 적절히 사용하면 인수분해를 할 수 있단다.

공통인수로 묶기

아무리 복잡한 식이라도 먼저 해야 할 사항이야!

공통인수가 있으면 공통인수로 묶은 후 인수분해 공식을 이용하면 돼.

$(a+1)x - (a+1)y = (a+1)(x-y)$

다른 문자로 바꾸어 놓기

식의 일부분을 한 문자로 놓고 인수분해 공식을 이용하면 되는 거야.

$(a+1)^2 - (a+1) - 6$의 경우, $a+1$을 한 문자로 생각하여 풀면 된단다.

$$(a+1)^2 - (a+1) - 6 = (a+1+2)(a+1-3) = (a+3)(a-2)$$

항이 여러 개인 경우

적당한 항끼리 묶어서 풀면 되는 거야. 예를 잘 보렴.

$ab + a + b + 1 = a(b+1) + (b+1) = (a+1)(b+1)$

$ab + a$에서 a가 공통이니까 a로 묶어서 $a(b+1)$이 된 거고

$a(b+1) + (b+1)$에서 $b+1$이 공통이니까 묶어서 $(b+1)(a+1)$이 된 거야. 이건 $(a+1)(b+1)$과 같은 거란다.

문자가 여러 개인 경우

차수가 가장 낮은 문자에 관하여 내림차순으로 정리한다.

$$x^2 + xy - x + y - 2 = y(x+1) + x^2 - x - 2$$
$$= y(x+1) + (x+1)(x-2)$$
$$= (x+1)(y+x-2)$$

문자가 x, y 두 개인데, x는 2차이고 y는 1차이잖니? 이럴 때에는 차수가 낮은 y에 대해서 내림차순으로 정리하면 되는 거야. 그 다음 $x^2 - x - 2$를 인수분해하면 $x+1$이 공통으로 들어가 있는 걸 알겠지? 공통인수인 $x+1$로 묶으니까 깔끔하게 인수분해 끝!

인수분해를 하다 보면 어디서 끝을 내야 할지 모르는 친구들이 있어. 그

러니까 앞의 문제의 경우에도 답을 다 구해 놓고, 그 식을 다시 풀어서 어찌할 줄 모르고 쩔쩔 매는 경우가 있다는 이야기야. 인수분해는 하나의 다항식을 두 개 이상의 인수들의 곱으로 나타내는 것이잖니? 예를 들어 $(x+1)(x-2)$는 인수분해가 된 거지? 하지만 $(x+1)(x-2)+2$는 인수분해가 안 된 거야. 인수들의 곱으로만 표현되어야 하잖아. $+2$가 문제인 거지.

그러니까 $(x+1)(x-2)+2$는 다시 전개해서 인수분해해야 하는 거란다.

$$(x+1)(x-2)+2 = x^2-2x+x-2+2 = x^2-x=x(x-1)$$

여기가 진짜 끝이지.

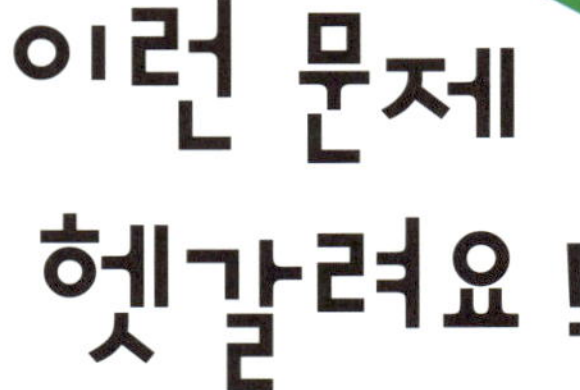

선생님,
$(-a-b)^2=(a+b)^2$이
어떻게 성립하죠?

$-a-b=-(a+b)$이잖니?
그러니까 $(-a-b)^2=\{-(a+b)\}^2$
여기서 주의할 것은 $-$의 제곱은 $+$라는 거야.
$\{-(a+b)\}^2=(a+b)^2$, 이제 알겠니?

$(a-b)(-a-b)=-a^2+b^2$이
어떻게 성립하는 거예요?

잘 보렴. 역시 $-a-b=-(a+b)$를 주목하면,
$(a-b)(-a-b)=-(a-b)(a+b)=-(a^2-b^2)$
$=-a^2+b^2$이란다.

아니란다. 끝까지 풀어야지.
9와 12는 3이라는 공통인수를 가지니까
$9a + 12ab = a(9 + 12b) = 3a(3 + 4b)$로
해야 맞는 거야.
$9a + 12ab = 3(3a + 4ab)$ 이렇게 해도
인수분해가 아직 덜 된 거란다. 역시 a라는
공통인수가 있기 때문이지.
$9a + 12ab = 3(3a + 4ab) = 3a(3 + 4b)$
여기까지 풀어야 하는 거야.

다항식을 쓸 때, 차수가 높은 것부터 낮은
차례로 쓰는 것이 내림차순이야.
예를 들어 줄게. $x^3 - 3x^2 + 5x - 1$
처럼 쓰는 것이 내림차순이
란다.
반대로 오름차순은
차수가 낮은 것부터
높은 차례로 쓰는 것을 말하
는 거야.
$1 + 2x + 3x^2 - x^4$처럼 쓰는 것이
오름차순의 예란다.

해법만 알면 너무 쉬운, 이차방정식

첫걸음 떼기

이차방정식의 풀이는 인수분해를 이용하는 방법, 완전제곱식을 이용하는 방법, 그리고 근의 공식을 이용하는 방법 등 여러 가지가 있어. 이차방정식을 풀 때에는 먼저, 인수분해를 해보고 인수분해가 쉽게 되지 않으면 근의 공식을 써서 푸는 것이 일반적인 방법이란다. 근의 공식은 이차방정식 풀이의 '만능해결사'인 셈이지.

신비로운 비율, '황금비율'

옛날부터 '황금비율'이라 일컬어지는 비례가 가장 균형 잡힌 아름다운 비례라고 생각했단다. 그래서 건축물이나 그림 등에 이용되어 왔지. 게다가 자연이 만들어 낸 아름다운 산물 역시 황금비율을 갖춘 것이 많아.

지금까지 남아 있는 유물 중 황금비율을 적용한 가장 최고의 예는 기원전 4700년에 건설된 이집트의 피라미드야. 이로 미루어 보아 인류가 황금비율의 개념을 이해하고 그것의 가치를 알게 된 때는 그보다 훨씬 전일 거라는 추측이 가능하겠지?

'황금비율' 또는 '황금분할'이라는 명칭은 기원전에 살았던 그리스의 수학자 에우독소스(Eudoxos)가 붙였다고 해. 그리스인은 이 황금비율에 흠뻑 빠져서 그릇이나 의복의 장식, 회화, 그리고 건축 등에 응용하였다고 한단다. 황금비율이란 다음과 같은 비를 말해.

$$1 : \frac{1 + \sqrt{5}}{2} \fallingdotseq 1 : 1.618 \fallingdotseq 5 : 8$$

사람의 눈으로 볼 때 가장 자연스럽고 조화롭게 느껴지는 비율을 바로 황금비율이라고 하지. 이 비율은 안정감도 뛰어나단다. 상반신과 하반신의 비율이 황금비율인 약 5 : 8을 이룰 때 가장 아름다운 몸매를 이룬다는 사실, 알고 있니?

좀 더 자세히 설명해 볼까? 사람의 몸은 배꼽의 위치를 기준으로 황금비에 의해 분할되고, 배꼽 위의 상반신은 어깨의 위치를 기준으로, 배꼽 아래의 하반신은 무릎의 위치를 기준으로, 어깨 위의 부분은 코의 위치를 기준으로 황금비에 의해 분할될 때 가장 조화롭고 아름답단다.

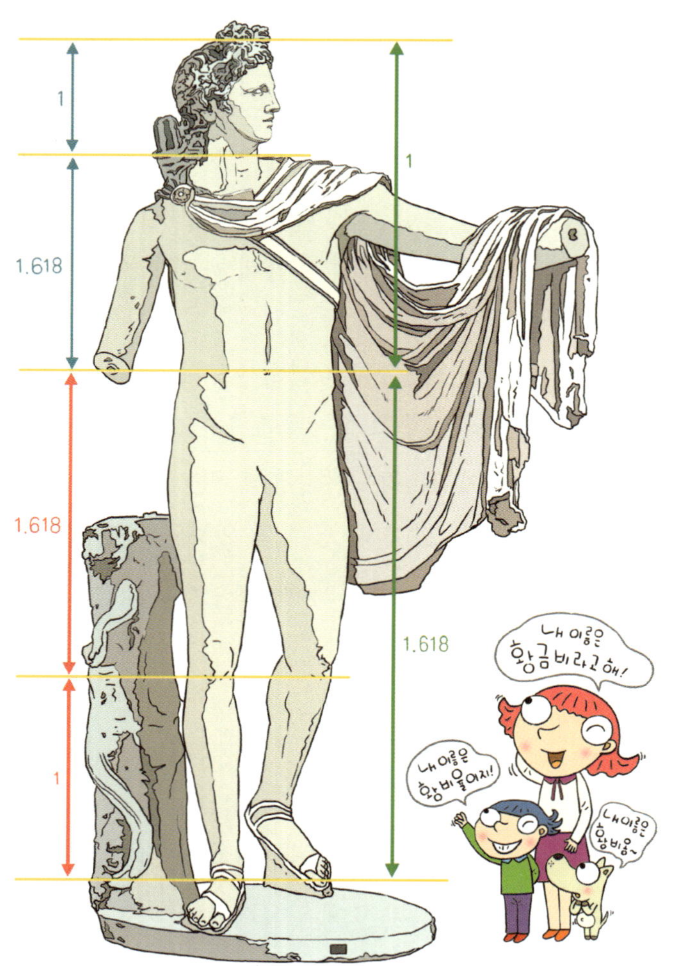

그래서 미술 하는 사람들에게 황금비는 언제나 연구의 대상이라고 해. 인간의 신체 구조가 이렇다면 당연히 의복에서도 황금비가 적용되겠지? 예를 들면 상의와 하의의 길이, 허리선의 위치, 기타 솔기선이나 외곽선에 의한 분할 등에서도 황금비가 적용된단다.

또한 황금비율은 아니더라도 비슷한 비율의 직사각형은 안정감과 조화로움이 뛰어나기 때문에 건축 분야에서부터 책이나 액자, 창문, 카드 등에 널리 사용되고 있어. 예를 들어 신용카드의 가로와 세로의 비는 8.6 : 5.35로 거의 황금비율에 가깝다고 할 수 있지.

그러나 독일의 한 학자의 실험에 의하면, 황금비율을 아는 어른들은 어떤 제품들을 구입할 때 황금비율로 된 사각형 모양을 많이 선택하지만 그것을 모르는 어린아이들은 정사각형 모양을 많이 선택한다고 하는구나. 그러니까 우리가 황금비율을 보고 아름답다 생각하고 안정적인 느낌까지 갖는 것은 황금비율에 익숙한 경험 때문이라는 거지. 아름다움에 대한 미의 기준이 시대에 따라 꾸준히 변하고 있으니 황금비율에 맞아야만 아름답다거나 신비롭다는 것은 아니라는 말씀! 내 몸이 황금비율에 해당하지 않는다고 너무 실망하지 말자는 이야기야!

수학적으로 황금비율이 어떻게 나왔는지 계산해 볼까?

편의상 황금비율을 x라 놓고 풀어 보자꾸나. 황금비율 x는 그 역수 $\dfrac{1}{x}$이 그 자신 x로부터 1을 뺀 것과 같은 수, 즉 $\dfrac{1}{x} = x - 1$이라는 성질을 가지고 있어.

이 식의 양변에 x를 곱하면 $x^2 - x - 1 = 0$

따라서 $x = \dfrac{1 \pm \sqrt{5}}{2}$ 야.

이 중 양의 값을 계산해 보면

$$x = \frac{1 + \sqrt{5}}{2} = 1.61803398\cdots$$

그래서 대략 $1 : 1.618$을 황금비라 하는 거야.

이차방정식 $x^2 - x - 1 = 0$처럼 좌변이 인수분해가 되지 않는
경우 근의 공식을 쓰면 이차방정식의 해를 쉽게 구할 수 있단다.

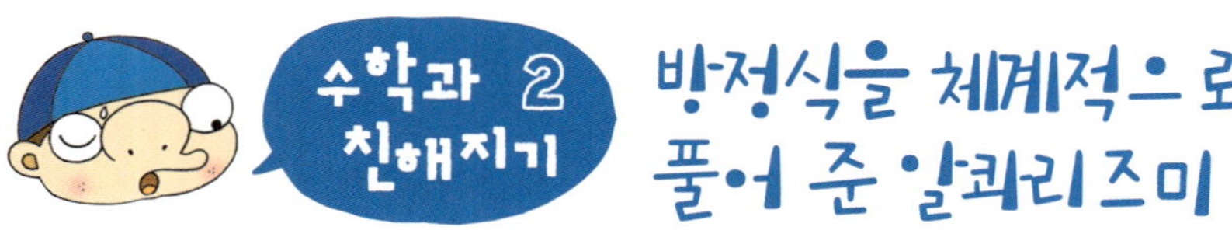

이슬람 문화권의 수학자들은 우리에게 거의 알려진 바가 없지만 알콰
리즈미는 앞에서도 말했듯이 9세기 아라비아의 수학자로 방정식의 체계
적인 풀이 방법을 소개한 사람이야. 수학사에서 아주 중요한 위치를 차지
하고 있지. 그는 이슬람교도이면서 수학자였고 천문학자이자 지리학자였
단다. 중세 수학에 커다란 영향을 준 『산술책』과 『대수책』을 썼고, 이 『산
술책』에 의해 인도의 수학이 중세 유럽에 전해졌어. 하지만 안타깝게도
원본이 아닌 라틴어 번역 사본만 남아 있다고 해. 이 책에는 '알콰리즈미'
의 라틴어식 표기인 'Algorismi'라는 단어가 나오는데 이것
을 1145년 영국인이 번역하면서 저자의 이름을 '알고리
즘'이라 하였어. 이로부터 알고리즘(algorithm)이란 단어가
유행했는데, 수학 용어와 컴퓨터 용어로 쓰인단다.

한편 『대수책』은 완전한 형태로 오늘날까지 전해지고 있는데, 방정식의 항을 다른 변으로 이항하는 것을 뜻하는 용어 'al-jabr(알·자부르)'와 양변의 동류항을 정리하여 방정식을 간단히 하는 것을 뜻하는 용어 'al-muqubala'(알·무콰발라) 등이 쓰여 있단다.

또한 지금의 판별식에 해당하는 것을 활용하여 이차방정식의 해를 구했어. 그리고 이차방정식의 해법을 기하학적 증명을 통해 계산을 하는 등 중세 수학사에 커다란 영향을 주었어.

알콰리즈미에 대한 재미있는 일화를 소개해 줄까? 그는 20세 이상 차이 나는 연하의 부인과 결혼했는데, 그가 70세쯤 되었을 때 부인이 임신을 하게 되었단다. 그런데 갑자기 알콰리즈미가 위독한 상태가 되어서 다음과 같이 유언을 하였다고 해.

"당신이 아들을 낳거든 내 재산의 3분의 1을 갖고, 딸을 낳거든 3분의 2를 가지시오."

얼마 뒤 그가 죽고 부인이 아이를 낳았는데, 이란성 쌍둥이로 아들과 딸을 낳았지 뭐니. 재산은 어떻게 되었느냐고? 글쎄?

이차방정식의
달인이 되자!

수학의 달인 수학이 풀리면 인생이 술술 풀린단다. 우리나라에서 고입이든 대입이든 입시를 논할 때, 수학을 뺀다는 건 있을 수 없는 일 이거든. 자연계뿐만 아니라 인문계 학생들에게도 가장 중요한 과목은 역시 수학이야. 중학생이 되었으니 "수학의 기초만큼은 반드시 잡아 놓아야 학창 시절이 힘들지 않아."라고 말씀하시는 선생님 말씀을 명심하는 것이 좋을 거야. 한 번 봐서 모르겠으면 두 번 보면 되고, 두 번 봐서도 모르겠으면 세 번 보고…. 이렇게 알 때까지 자신과 싸워 이겨야 수학을 잘하게 된단다.

● 이차방정식의 뜻

방정식은 최고 차수에 따라, 일차방정식, 이차방정식, 삼차방정식, …으로 나뉘는데 이 단원에서는 이차방정식에 대해 공부하려고 해. x에 관한 이차방정식이란 모든 항을 좌변으로 이항하여 정리한 식이 'x에 관한 이차식$=0$'의 꼴로 변형되는 방정식을 말하는 거야.

이차방정식의 일반형은 $ax^2+bx+c=0$ (단, a, b, c는 상수, $a\neq0$)이란다.

선생님이 질문 하나 할게. $x+2=0$은 몇 차 방정식이니? 그렇지. 일차방정식이야. 그럼 $x^2-3x+4=0$은 몇 차 방정식이니? 그래. 이차방정식이란다. 그럼 $x^2 - 2x = x^2 + 6$은 이차방정식일까? 잘 보렴.

모든 항을 좌변으로 이항하여 정리하면 x^2항이 없어져서 $-2x - 6 = 0$이 되잖니? 그러니까 일차방정식이 되는 거야. 정리하기 전에 이차항이 있다고 해서 무조건 이차방정식이라고 생각하면 안 된다는 사실을 명심할 것!

● 이차방정식의 해(근)

이차방정식의 해는 x에 관한 이차방정식을 참이 되게 하는 x의 값을 말해. 예를 들어 줄까?

$x^2 - x - 2 = 0$에 $x = 2$를 대입하면 등식이 참이니까 $x = 2$는 근이야. $x = -1$을 대입해도 등식이 참이니까 $x = -1$도 근이 될 수 있어. 그런데 $x = 1$을 대입해 보면 $-2 = 0$, 즉 등식이 거짓이니까 $x = 1$은 근이 아니란다.

'근'과 '해'는 같은 말이고, 이차방정식의 해를 구하는 것을 '이차방정식을 푼다.'라고 하지.

중근이란?

그런데 이차방정식의 두 근이 중복되어 하나로 나타내어질 때가 있어. 그 근을 '중근'이라고 말한단다. 이차방정식이 '완전제곱식 = 0'의 꼴로 인수분해되면 중근을 갖게 된단다.

예를 들어, $x^2 + 6x + 9 = 0$은 $(x+3)^2 = 0$으로 인수분해되어 해는 $x = -3$(중근)이 되는 거야.

이차방정식을 푸는 방법은 인수분해를 이용하는 방법, 완전제곱식을 이용하는 방법, 그리고
근의 공식을 이용하는 방법 등 여러 가지가 있단다.
완전제곱식이란 다항식의 제곱으로 된 식이나 이 식에 상수를 곱한 식을 말해.
$2(x+3)^2=0$은 완전제곱식의 예란다.

● 이차방정식 풀이의 대장, 인수분해

이차방정식을 푸는 방법 중 가장 많이 쓰이는 것이 인
수분해를 이용하는 거야. 방법은 아래와 같단다.

① 주어진 방정식을 $ax^2+bx+c=0$의 꼴로
나타낸다.

② 좌변을 인수분해한다.

③ $AB=0$이면 $A=0$ 또는 $B=0$임을 이용한다.

선생님이 예를 들어 줄게. 잘 보렴.

이차방정식 $x(x+2)=8$을 풀려면 먼저

괄호를 풀고 ·· $x^2+2x=8$

우변을 이항하면 ·· $x^2+2x-8=0$

좌변을 인수분해하면 ·· $(x+4)(x-2)=0$

③번을 이용하면 ··· $x+4=0$ 또는 $x-2=0$

따라서 $x=-4$ 또는 $x=2$가 되는 거야.

인수분해는 이차방정식의 가장 간단하고도 편리한 방법이지만, 이차식

이 유리수 범위 내에서 인수분해되지 않는 경우에는 풀기가 어렵다는 단점이 있단다. 예를 들어 이차방정식 $x^2-2x-7=0$을 유리수 범위에서 인수분해하기는 불가능하겠지? 그래서 이런 때에는 완전제곱식을 이용하여 풀면 되는 거야. 뒤에서 설명해 줄게.

● 제곱근을 이용하여 이차방정식을 푸는 방법

$x^2=5$일 때, $x=\pm\sqrt{5}$ 라고 했던 거, 기억나니? 5의 제곱근이잖아. x가 말이야. 이걸 이용하면 이차방정식도 쉽게 풀 수 있단다. 만약, 이차방정식이 $ax^2=b(a\neq0,\ ab\geq0)$의 형태라고 치자. 양변을 a로 나눈 뒤 풀면

$x=\pm\sqrt{\dfrac{b}{a}}$ 가 되는 거란다.

이차방정식이 만약 $(x-a)^2=b\ (b\geq0)$의 형태이면

$x=a\pm\sqrt{b}$가 되겠지. 왜냐고?

$x-a$를 한 문자로 생각해 봐. 그럼 $x-a=\pm\sqrt{b}$이잖아?

그러니까 $x=a\pm\sqrt{b}$인 거야. 예를 들어 줄까?

$(x+1)^2=9$에서 $x+1$을 한 문자로 생각하면

$x+1=\pm3,\ x=-1\pm3$

따라서 구하는 해는 $x=2$ 또는 $x=-4$가 되는 거야.

이차방정식 $2x^2-9=0$의 경우 얼핏 보면 인수분해가 잘 되지 않을 것 같지? 이럴 때는 상수항을 우변으로 이항하면 $2x^2=9$이잖니? 따라서 제곱하면 $\dfrac{9}{2}$가 되는 수 x를 구하면 돼.

$$x = \pm\sqrt{\frac{9}{2}} = \pm\frac{3}{\sqrt{2}} = \pm\frac{3\sqrt{2}}{2}$$

이 방법을 응용한 것이 완전제곱식을 이용하는 방법이란다.

● 이차방정식 풀이의 또 다른 방법, 완전제곱식

이차방정식 $ax^2+bx+c=0\,(a\neq0)$을 '완전제곱식＝수'의 꼴로 고쳐서 해를 구할 수 있단다.

이차방정식을 완전제곱식으로 고치는 방법을 가르쳐 줄게. 잘 보렴.

① 이차항의 계수를 1로 만든다.
② 상수항을 우변으로 이항한다.
③ 양변에 $\left\{\dfrac{(일차항의\ 계수)}{2}\right\}^2$을 더한다.
④ 좌변을 완전제곱식으로 고친다.
⑤ 제곱근의 정의를 이용하여 푼다.

어렵지? 선생님이 예를 들어 줄 테니 잘 보렴.

$$2x^2+x-2=0$$

먼저 양변을 x^2의 계수 2로 나누면 $\quad\cdots\cdots\cdots\cdots\quad x^2+\dfrac{1}{2}x-1=0$

상수항을 우변으로 이항하면 $\quad\cdots\cdots\cdots\cdots\quad x^2+\dfrac{1}{2}x=1$

양변에 $\left\{\dfrac{(일차항의\ 계수)}{2}\right\}^2$을 더하면 $\quad\cdots\cdots\quad x^2+\dfrac{1}{2}x+\left(\dfrac{1}{4}\right)^2=1+\left(\dfrac{1}{4}\right)^2$

좌변을 완전제곱식으로 고치면 ························· $\left(x+\dfrac{1}{4}\right)^2=\dfrac{17}{16}$

제곱근을 구하면 ························· $x+\dfrac{1}{4}=\pm\sqrt{\dfrac{17}{16}}=\pm\dfrac{\sqrt{17}}{4}$

따라서 구하는 해는 ························· $x=-\dfrac{1}{4}\pm\dfrac{\sqrt{17}}{4}=\dfrac{-1\pm\sqrt{17}}{4}$

처음에는 어렵겠지만 자꾸 풀어 보면 익숙해지기 마련이란다. 열심히 풀어 보도록!

● 이차방정식 풀이의 만능 해결사, '근의 공식'

'근의 공식'이란 x에 관한 이차방정식 $ax^2+bx+c=0$ $(a\neq0)$의 근을 간편하게 구하는 공식을 말하는데, 근은 다음과 같이 구하면 되는 거란다.

$$x=\dfrac{-b\pm\sqrt{b^2-4ac}}{2a}$$

단, $b^2-4ac\geq0$일 때 한해서만 근이 존재한다는 사실을 잊지 않도록! $b^2-4ac<0$일 때에는 근호 안이 음수가 되어, 실수 범위에서는 근이 존재하지 않게 되거든.

이차방정식 $ax^2+bx+c=0$ $(a\neq0)$의 근을 유도하는 과정을 살펴볼까? 좀 어렵지만 잘 보렴.

$ax^2+bx+c=0$ $(a\neq0)$

양변을 x^2의 계수인 a로 나눈다. ··············· $x^2+\dfrac{b}{a}x+\dfrac{c}{a}=0$

좌변의 상수항을 우변으로 옮긴다. ···················· $x^2 + \dfrac{b}{a}x = -\dfrac{c}{a}$

x의 계수 $\dfrac{b}{a}$의 $\dfrac{1}{2}$의 제곱$\left(\left\{\dfrac{(일차항의\ 계수)}{2}\right\}^2\right)$인

$\left(\dfrac{b}{2a}\right)^2$을 양변에 더하여 ··············· $x^2 + \dfrac{b}{a}x + \left(\dfrac{b}{2a}\right)^2 = -\dfrac{c}{a} + \left(\dfrac{b}{2a}\right)^2$

좌변을 완전제곱식으로 만든다. ···················· $\left(x + \dfrac{b}{2a}\right)^2 = \dfrac{b^2 - 4ac}{4a^2}$

$b^2 - 4ac \geqq 0$ 일 때, 제곱근을 구한다. ··········· $x + \dfrac{b}{2a} = \pm\dfrac{\sqrt{b^2 - 4ac}}{2a}$

구하는 해는 다음과 같다. $\quad x = -\dfrac{b}{2a} \pm \dfrac{\sqrt{b^2 - 4ac}}{2a} = \dfrac{-b \pm \sqrt{b^2 - 4ac}}{2a}$

예를 들어, 이차방정식 $3x^2 + 4x - 2 = 0$의 경우, 근의 공식을 이용하여
풀면 다음과 같아.

$a = 3,\ b = 4,\ c = -2$ 이니까

$x = \dfrac{-4 \pm \sqrt{4^2 - 4 \times 3 \times (-2)}}{2 \times 3}$

$\quad = \dfrac{-4 \pm \sqrt{16 + 24}}{6}$

$\quad = \dfrac{-4 \pm \sqrt{40}}{6}$

$\quad = \dfrac{-4 \pm 2\sqrt{10}}{6}$

$\quad = \dfrac{-2 \pm \sqrt{10}}{3}$

그런데 이 문제처럼 일차항의 계수가 짝수($b = 2b'$)인 이차방정식
$ax^2 + 2b'x + c = 0\ (a \neq 0)$의 근은 위의 근의 공식을 이용해도 되지만

$x = \dfrac{-b' \pm \sqrt{b'^2 - ac}}{a}$ 를 이용하는 것이 훨씬 계산이 간편하단다.

$$x = \frac{-2 \pm \sqrt{4 - 3 \times (-2)}}{3}$$

$$= \frac{-2 \pm \sqrt{4 + 6}}{3}$$

$$= \frac{-2 \pm \sqrt{10}}{3}$$

어때, 훨씬 빠르지? 이처럼 모든 이차방정식은 근의 공식을 이용하여 해를 구할 수 있으므로 반드시 기억해 둘 것!

이차방정식을 풀 때에는 먼저 '인수분해가 되는가?'를 생각하고, 인수분해가 되지 않을 때에는 근의 공식을 이용하거나 완전제곱식을 이용해서 풀면 된다는 사실, 잊지 말고 꼭 기억하렴.

이차방정식의 활용 문제는 다음 순서대로 풀면 된단다.

① 문제의 뜻을 이해하고, 무엇을 미지수 x로 놓을 것인지 정한다.

② 문제의 뜻에 맞는 수량 사이의 관계를 조사하여 x에 관한 이차방정식
 을 세운다.

③ 방정식을 푼다.

④ 구한 근 중에서 문제의 뜻에 맞는 것만을 답으로 한다.

문제를 하나 들어 줄게. 잘 보렴.

아래 그림과 같이 가로, 세로의 길이가 각각 32m, 24m인
직사각형 모양의 잔디밭에 폭이 일정한 길을 만들려고 한
다. 길을 제외한 잔디밭의 넓이가 660m²가 되도록 하려면
길의 폭을 얼마로 하여야 하는가?

먼저 구하려고 하는 길의 폭을 xm로 놓으면, 길을 제외한 잔디밭은 처
음 직사각형 모양에서 가로와 세로의 길이가 각각 xm씩 줄어든 것과 같

으니까 길을 제외한 잔디밭의 넓이는,

$(32-x)(24-x)=660$이 되잖니?

이 방정식을 풀면 $768-56x+x^2=660$

이것을 정리하면 $x^2-56x+108=0$

이것을 인수분해하면 $(x-54)(x-2)=0$

따라서 $x=54$ 또는 $x=2$가 되겠지?

그런데 주의해야 할 게 있어. x는 길의 폭이니까, 주어진 잔디밭의 가로, 세로보다는 작아야 하지 않겠니? $0<x<24$이어야 한다는 말씀. 따라서 $x=2$만 답이 되는 거란다. 그래서 구하는 길의 폭은 2m가 돼.

이와 같이 이차방정식의 활용 문제에서는 구한 근 중에서 문제의 뜻에 맞는 것만을 답으로 해야 한다는 사실을 잊지 않도록!

● **도우미 : 직사각형 땅에서 길의 넓이 구하기**

아래 그림을 잘 보렴. 직사각형 모양의 땅 안에 폭이 x인 길을 내는 문제에서 아래의 세 가지 그림은 모두 같은 방법으로 풀면 되는 거란다. 주어진 직사각형이 같은 거라면 길의 넓이가 모두 같거든.

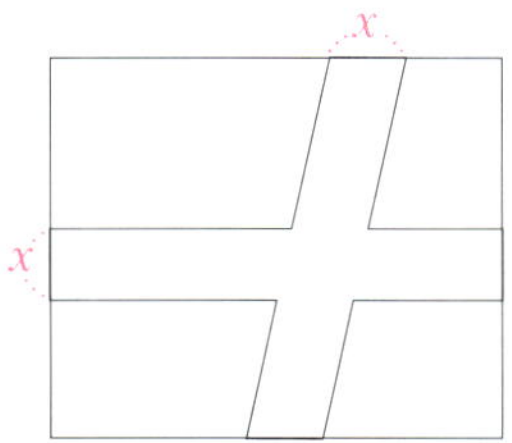
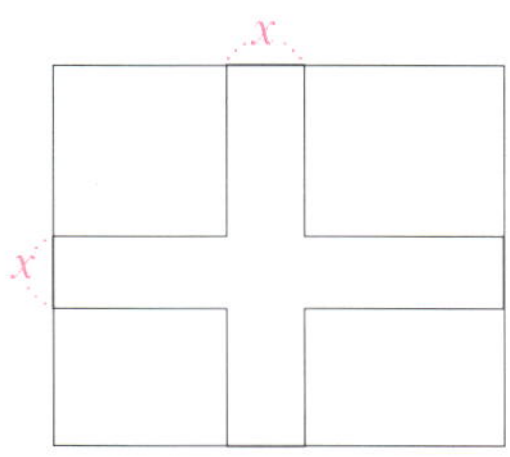
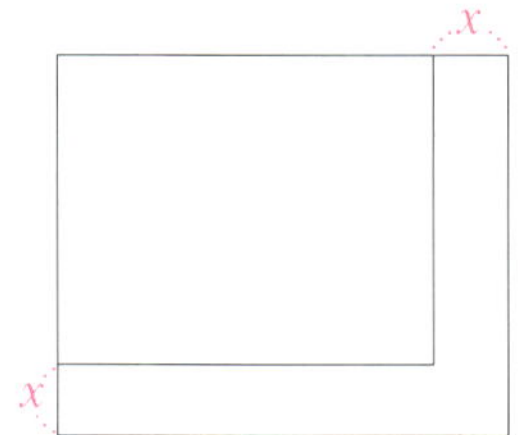

선생님, 왜 $x^2-3x=-x^2+5$ 는 이차방정식이 아닌가요?

주어진 이차방정식에 x^2의 항이 있어도, 정리하면 x^2의 항이 없어져서 이차방정식이 되지 않을 수도 있단다. 방정식 $x^2-3x=x^2+5$를 정리하면 $-3x-5=0$이 되잖니? 이건 일차방정식이야.

이차방정식의 근의 공식에서 나오는 판별식이라는 게 뭐예요?

판별식이란 근의 개수를 구하는 공식이야.
실제로 근을 구해 보지 않고서도 근이 몇 개인지
쉽게 구할 수 있지. 잘 보렴.
이차방정식 $ax^2+bx+c=0\,(a\neq0)$의 근의 공식
$x=\dfrac{-b\pm\sqrt{b^2-4ac}}{2a}$ 에서 $\sqrt{\ }$ 안의 값인 b^2-4ac의
부호에 따라 근의 개수를 알 수 있단다.

① $b^2-4ac>0$이면 서로 다른 두 개의 근을 갖는다.
② $b^2-4ac=0$이면 한 개의 근(중근)을 갖는다.
③ $b^2-4ac<0$이면 근은 없다.

판별식을 보통 'D'라고 쓴단다. 앞에서 말한 것처럼
D = $b^2 - 4ac$의 값이 양수인지, 0인지, 음수인지를
알면 근의 개수를 쉽게 구할 수 있단다.
일차항의 계수가 짝수($b = 2b'$)일 때는 D 대신
$\frac{D}{4} = b'^2 - ac$를 이용하면 계산이 훨씬 쉬워.
예를 들어 줄게. 잘 보렴.
$2x^2 - 6x + 3 = 0$에서 $b'^2 - ac = 9 - 6 = 3$이니까
근은 2개이고,
$x^2 + 2x + 1 = 0$에서 $b'^2 - ac = 1 - 1 = 0$이니까
근은 1개(중근)야.
$5x^2 - x + 4 = 0$에서 $b^2 - 4ac = 1 - 80 = -79$이니까
근은 없지. 이제 알겠니?

**이차방정식
$ax^2 + bx + c = 0(a \neq 0)$의
두 근을 α, β라 할 때,
두 근의 합 $\alpha + \beta = -\frac{b}{a}$,
두 근의 곱 $\alpha\beta = \frac{c}{a}$란 식은
어떻게 성립하는 건지
도무지 모르겠어요.**

선생님이 설명해 줄게. 잘 보렴. 이차방정식
$ax^2 + bx + c = 0(a \neq 0)$을 근의 공식을 이용해서 풀면
$x = \dfrac{-b \pm \sqrt{b^2 - 4ac}}{2a}$ 이게 나오잖니?
두 개의 x 중 하나는 α로 놓고, 또 하나는 β로 놓으면
$\alpha = \dfrac{-b + \sqrt{b^2 - 4ac}}{2a}$, $\beta = \dfrac{-b - \sqrt{b^2 - 4ac}}{2a}$이고,
α와 β를 서로 더하면
$\alpha + \beta = \dfrac{-b + \sqrt{b^2 - 4ac}}{2a} + \dfrac{-b - \sqrt{b^2 - 4ac}}{2a} = \dfrac{-2b}{2a} = -\dfrac{b}{a}$이고,
α와 β를 서로 곱하면
$\alpha\beta = \dfrac{-b + \sqrt{b^2 - 4ac}}{2a} \times \dfrac{-b - \sqrt{b^2 - 4ac}}{2a}$
$= \dfrac{b^2 - (b^2 - 4ac)}{4a^2} = \dfrac{4ac}{4a^2} = \dfrac{c}{a}$ 이렇게 되는 거란다.

방정식의 쌍
연립방정식

첫걸음 떼기

연립방정식은 두 개 이상의 방정식을 함께 묶어 한 쌍으로 나타낸 것을 말해. 그런데 학생들은 방정식은 잘 풀면서도 연립방정식은 두려워하는 경향이 있단다. 그럴 필요 없는데 말이야.

연립방정식에는 학생들이 어려워하는 함수 개념이 포함되어 있지만 그래프를 통해서 해석하면 쉽게 이해가 된단다.

『구장산술』 속의 연립방정식

『구장산술』은 정확히 언제 편찬됐는지 그 시기를 알 수 없지만, 동양 최고의 수학 고전이며 우리 민족 수학의 뿌리이기도 하단다. 또한 『구장산술』은 서양 수학의 『유클리드의 기하원본』에 견줄 정도로 막강한 고전이기도 하지. 특히 관리들이 실무적인 일을 처리하는 데 부딪치는 여러 가지 문제들을 포함해 수학 지식을 방대하게 정리한 책이라고 해. 이 책은 모두 9장 246문제로 되어 있는데, 그중 제8장 「방정」(18문제)은 연립일차방정식 문제를 다루고 있단다.

방정식이란 명칭이 바로 『구장산술』 제8장의 제목인 「방정」에서 유래하였다는 사실, 기억하고 있었니? 다음과 같은 문제도 실려 있다고 하는데 선생님과 함께 풀어 보자꾸나.

참새 5마리와 제비 6마리가 있는데 모아서 무게를 달아 보니 참새가 무겁고 제비가 가벼웠다. 참새 한 마리와 제비 한 마리를 서로 바꾸었더니 저울이 평형을 이루었다. 참새와 제비 전체의 무게는 1근(16냥)이다. 각각 한 마리당 무게는 얼마인가?

이 문제를 풀기 위해 참새 한 마리의 무게를 x냥, 제비 한 마리의 무게를 y냥이라 하여 문제의 조건에 따라 식을 세우면 다음과 같아.

$$\begin{cases} 4x + y = 5y + x \\ 5x + 6y = 16 \end{cases}$$

『구장산술』의 풀이법에는 "서로 바꾸어 달면 각각의 무게가 8냥"이라고 되어 있단다. 그러니까 전체가 16냥인데 한 마리씩 바꾸어 달면 무게가 같다고 했으니까, 바꾸고 난 후 양쪽 각각이 전체의 반에 해당하는 8냥씩이라는 거지. 따라서 다음의 식이 성립한단다.

$$\begin{cases} 4x + y = 8 \\ x + 5y = 8 \end{cases}$$

오늘날 연립일차방정식의 풀이는 다음에 나오는 〈수학아, 놀자!〉에서 보면 알겠지만 가감법이나 대입법, 등치법 등으로 풀면 된단다. 선생님이 가감법으로 풀어 줄게. 잘 보렴.

$$\begin{cases} 4x+y=8 \cdots ① \\ x+5y=8 \cdots ② \end{cases}$$ 을 가감법으로 풀기 위해 ②식에 4를 곱한 후

$$\begin{cases} 4x+y=8 \cdots ① \\ 4x+20y=32 \cdots ② \end{cases}$$ ①식에서 ②식을 변끼리 빼면

$$-19y=-24$$

따라서 $y=\dfrac{24}{19}=1\dfrac{5}{19}$ 이고,

이것을 ①식 또는 ②식에 대입하여 풀면 $x=\dfrac{32}{19}=1\dfrac{13}{19}$

그러니까 참새 한 마리의 무게는 $1\dfrac{13}{19}$ 냥이고, 제비 한 마리의 무게는 $1\dfrac{5}{19}$ 냥이란다.

연립방정식을 끝까지 공부한 후 『구장산술』의 풀이법과 오늘날의 풀이법을 비교해 보렴.

조선 시대에 가장 인기가 높았던 수학 책인『산법통종』은 실용 수학의 내용이 담긴 책이었어. 이 책은 명나라 사람인 정대위(程大位 : 1533~1592?)에 의해 쓰였는데, 그는 정식 수학자는 아니었지만 양쯔 강 하류에서 무역을 하던 사람이라 수학에 관심이 아주 많았단다.『산법통종』을 쓴 이유도 사람들이 계산을 잘할 수 있도록 돕기 위해서야.

『산법통종』을 보면 시의 형태를 빌려 수학 문제를 냈는데, 그중에는 술과 관련된 문제도 있었어. 한자로 적힌 이 시를 우리말로 풀어 쓰면 다음과 같단다.

"술집에서 말하기를 박주와 호주가 있다고 한다. 박주는 1병 마시면 3사람이 취하고, 호주는 3병 마셔야 1사람이 취한다. 박주와 호주를 합하여 19병이 있는데, 모두 33명이 마시고 취했다면 박주와 호주는 각각 몇 병이 있는가?"

이 문제는 사람들의 주량이 모두 같다는 전제하에 풀 수 있는 문제야. 박주와 호주의 병이 몇 개인지를 물어보는 거니까 박주를 x병, 호주를 y병이라 두고 식을 만들어 보자.

$$\begin{cases} x+y=19 & \cdots \text{①} \\ \dfrac{x}{3}+3y=33 & \cdots \text{②} \end{cases}$$

②식의 양변에 3을 곱하면 $x+9y=99\cdots$ ③

③식에서 ①식을 변끼리 빼면 $8y=80,\ y=10$

따라서 $x=9$

박주는 9병, 호주는 10병이 되는구나. 이런 문제의 답을 쓸 때 박주와 호주를 서로 헷갈려 다 풀어 놓고도 틀린 답을 쓰는 학생이 종종 있단다. 주의해야 돼!

연립방정식을 푸는 또 다른 방법으로 '가우스 소거법'이라는 게 있어. 너희들이 고등학교에서 배우는 건데 선생님이 살짝 가르쳐 줄게. 잘 보렴.

이를테면, 연립방정식 $\begin{cases} 3x+4y=5 \\ x+2y=3 \end{cases}$ 의 해는 $\begin{cases} x=-1 \\ y=2 \end{cases}$ 이잖니?

이것을 행렬을 써서 생각해 보자.

$\begin{pmatrix} 3 & 4 \\ 1 & 2 \end{pmatrix}\begin{pmatrix} x \\ y \end{pmatrix} = \begin{pmatrix} 5 \\ 3 \end{pmatrix}$ 에서 $\begin{pmatrix} 1 & 0 \\ 0 & 1 \end{pmatrix}\begin{pmatrix} x \\ y \end{pmatrix} = \begin{pmatrix} -1 \\ 2 \end{pmatrix}$ 를 유도하는 것과 같은 거야.

이와 같이 연립방정식의 계수가 이루는 행렬을 단위행렬로 바꾸어서 연립방정식의 근을 구하는 방법을 '가우스 소거법' 또는 간단히 '소거법'이라고 한단다. 고등학교에서 더 자세히 배울 테니까 이런 방법도 있다는 것만 알아도 돼. 그럼 수학자 가우스에 대해서 알아볼까?

수학의 신동 가우스(karl Friendrich Gauss : 1777~1855)는 독일 브룬스비크의 가난한 집안에서 태어나 일생 동안 가난과 싸워야 했지만 오늘날까지 모든 수학자들의 왕으로 추앙받고 있단다.

그는 수리론, 기하학, 확률과 통계를 체계화했으며 천문학과 전자기학에도 아주 중요한 공헌을 했어. 놀랍지 않니? 어떤 이는 "지금도 수학자들에게 역사상 가장 저명한 수학자 세 사람을 꼽으라 한다면 어김없이 아르키메데스와 아이작 뉴턴, 그리고 가우스가 뽑힐 것이다."라고 할 정도로 위대한 수학자이지.

가우스는 이미 세 살 때 아버지의 덧셈을 바로잡아 주기 시작했다고 전해진단다. 이런 일화도 있어. 가우스가 10세 때, 선생님이 학생들을 조용히 시키려고 1부터 100까지의 정수를 모두 더해 보라고 했어. 그러자 가우스가 5분도 안 돼서 정답을 알아냈다고 하는구나. 그의 천재성을 유감없이 보여 주는 대목이지. 다른 학생들은 1부터 순서대로 계속 더하고 있는데, 가우스는 '하나씩 커지는 수를 더하는 것'이라는 데 주목하여 다음과 같이 계산하였단다.

$$1+2+3+\cdots+98+99+100$$
$$=(1+100)+(2+99)+(3+98)+\cdots+(50+51)=101\times50=5050$$

　놀랍지? 가우스가 말년에 말하기를 "나는 말보다 계산을 먼저 배웠다." 라고 했을 정도로 아주 이른 나이에 계산에 탁월한 재능을 발휘한 거야. 가우스에 관해 전해지는 또 하나의 일화는 다음과 같단다.

　가우스가 괴팅겐 대학에 다닐 당시, 볼야이라는 친구가 있었는 데 가우스의 어머니가 이 친구에게 가우스의 장래성을 물어보자 그는 "가우스가 유럽 제일의 수학자가 될 것"이라고 말했어. 그 소리를 들은 가우스의 어머니는 눈물바다가 되도록 펑펑 울었다고 하는구나. 가우스의 재능이 아무리 뛰어나다고 하더라도 그의 재능을 알고 밀어 준 어머니와 볼야이 같은 친구가 없었더라면 어떻게 되었을까? 아마 평범한 벽돌공이 되어 있을 수도 있겠지. 그는 벽돌공의 아들이었거든. 아버지는 그가 벽돌공이나 정원사가 되기를 희망했다고 해. 하지만 그를 믿어 주는 어머니와 삼촌의 격려와 도움으로 가우스는 공부를 할 수 있었다고 하는구나.

개념만 알면
너무 쉬운 연립방정식

수학의 달인 수학은 자기 자신을 겸손하게 해주는 학문이야. 학교에서 학생들을 가르치면서 이런 말을 가끔 한단다. "수학이라는 거대한 물체 앞에 서면, 나는 하나의 점같이 왜소한 느낌이 든다." 수학을 남들보다 좀 잘한다고 으스대다가도, 어려운 수학 문제에 부딪히면 나 자신이 얼마나 부족한지를 깨닫게 된다는 말이야. 그래서인지 내가 느끼기엔 수학을 전공한 사람들은 어딘지 모르게 겸손한 부분이 있는 것 같아. "나는 수학을 통해 겸손을 배웠다."고 하니까 옆에 있던 도덕 선생님 왈, "나는 수학을 통해 좌절을 배웠다."고 하는 우스갯소리를 듣기는 했지만 말이야.

● 미지수가 2개인 일차방정식이란?

2개의 미지수(변수)를 가지며, 그 차수가 모두 1인 방정식을 미지수가 2개인 일차방정식이라고 하고, $ax+by+c=0$ (단, a, b, c는 상수, $a \neq 0$, $b \neq 0$)의 꼴로 나타낸단다. 예를 들어 볼까?

$3x-2y+1=0$, $5x-y=3$은 미지수가 2개인 일차방정식이란다. 문제도 함께 풀어 볼까?

두 미지수 x, y가 자연수일 때, 일차방정식 $2x+y=12$를 풀어라.

이 문제는 어떻게 풀면 되겠니? 표로 나타내어 볼까?

$x=1, 2, 3, 4, \cdots$일 때, y의 값을 표로 나타내면

x	1	2	3	4	5	6	7	$\cdots$
y	10	8	6	4	2	0	-2	$\cdots$

그런데 미지수 y는 자연수라고 했잖니?

y값이 자연수가 아닌 것은 해가 될 수 없는 거야. 따라서 $2x+y=12$를 만족하는 x, y의 값을 순서쌍 (x, y)로 나타내면 다음과 같아.

$(1, 10), (2, 8), (3, 6), (4, 4), (5, 2)$란다. 즉 $\begin{cases} x=1 \\ y=10, \end{cases} \begin{cases} x=2 \\ y=8, \end{cases} \begin{cases} x=3 \\ y=6, \end{cases} \begin{cases} x=4 \\ y=4, \end{cases} \begin{cases} x=5 \\ y=2 \end{cases}$

이와 같이 미지수가 2개인 일차방정식을 만족하는 x, y의 값 또는 그 순서쌍 (x, y)를 미지수가 2개인 일차방정식의 해라 하고, 해를 구하는 것을 일차방정식을 푼다고 해.

● 일차방정식과 그래프는 어떤 관계일까?

일차방정식의 그래프

x, y에 관한 일차방정식의 해 (x, y)를 좌표평면에 나타낸 것을 '일차방정식의 그래프'라고 한다.

직선의 방정식

x, y가 수 전체의 집합의 원소일 때 x, y에 관한 일차방

정식 $ax+by+c=0$ (a, b, c는 상수, $a \neq 0$, $b \neq 0$)의 그래프는 직선이 된단다. 이때 이 일차방정식을 '직선의 방정식'이라고 하는 거야.

두 미지수 x, y가 자연수일 때, 일차방정식 $2x+y=12$의 그래프를 그리려면 어떻게 해야 할까? $2x+y=12$의 해는 위에서 $(1, 10)$, $(2, 8)$, $(3, 6)$, $(4, 4)$, $(5, 2)$라고 했잖니? 이것을 그래프로 그리면 다음과 같아.

그런데 만약 x, y가 수 전체라면 그래프는 아래와 같단다.

차이점이 보이니? x, y가 자연수일 때에는 그래프가 점으로 나타나고, x, y가 수 전체일 때는 직선으로 나타난다는 것을 눈치 채야 해.

직선 위에는 무수히 많은 점들이 있지만, 직선의 그래프를 그릴 때에는 점 두 개만 찾으면 된단다. 두 점을 지나는 직선은 오직 하나뿐이거든. 그러니까 직선의 방정식의 그래프를 그리려면, 그 방정식의 해를 두 개 구하여 그 순서쌍을 좌표평면 위에 나타내고, 그 두 점을 직선으로 이으면 쉽게 그릴 수 있단다.

한번 그려 볼까? 앞에서 제시한 직선 $2x+y=12$를 그리려면 두 개의 점만 찾으면 된다고 했잖니? 선생님이 만약 두 점 $(1, 10)$, $(2, 8)$을 택했다면 그 두 점을 좌표평면에 그린 다음 서로 이어 주면 돼. 직선 위에 있는 점이라면 물론 아무거나 택해도 된단다.

● 연립일차방정식이란?

미지수가 2개인 두 일차방정식을 한 쌍으로 하는 방정식을 연립일차방정식 또는 연립방정식이라고 한다.

예를 들어, $\begin{cases} x+y=6 & \cdots ① \\ 3x+2y=14 & \cdots ② \end{cases}$ 는 x, y에 대한 연립일차방정식이란다.

이 식의 해는 $x=2, y=4$ 또는 $(2, 4)$라고 표현해.

그래프를 그려 보면 다음 그림과 같단다. 여기서 두 직선의 교점의 좌표는 앞의 연립방정식의 해와 같다는 것을 알 수 있겠지?

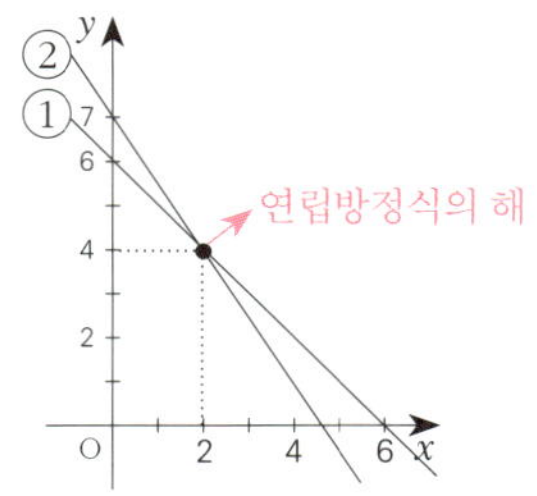

● 연립일차방정식의 풀이는 어떻게 하지?

연립방정식을 푸는 방법은 가감법, 대입법, 등치법 이렇게 3가지가 있단다. 연립방정식의 해는 어느 방법으로 풀어도 같게 나오지만 보통은 가감법을 많이 이용한단다.

가감법

미지수가 2개인 연립방정식에서 한 미지수를 없애는 것을 '소거'라고 하는데, 소거를 이용하는 것이 가감법이야.

가감법이란, 두 일차방정식을 변끼리 더하거나 빼서 한 미지수를 소거하여 해를 구하는 법을 말하는 거야.

연립방정식 $\begin{cases} x+y=6 & \cdots ① \\ 3x+2y=14 & \cdots ② \end{cases}$ 를 가감법으로 풀어 보자꾸나.

x를 소거하기 위하여 ①식에 3을 곱하고 ①, ②식을 변끼리 빼면

$$\begin{array}{r} 3x+3y=18 \\ -)\ 3x+2y=14 \\ \hline y=4 \end{array}$$

이것을 ①에 대입하면 $x=2$ (②에 대입해도 됨)가 나오잖니?

따라서 구하는 해는 $x=2$, $y=4$가 된단다.

이렇게 가감법으로 연립방정식을 풀 때에는 '세로 셈'이 편리하다는 것을 알 수 있겠지?

대입법

대입법은 연립방정식의 한 방정식을 하나의 미지수에 관하여 풀고, 이 것을 다른 방정식에 대입하여 해를 구하는 방법이란다. 만약 한 방정식이 하나의 문자에 관하여 정리되어 있는 경우에는 대입법으로 푸는 것이 편리하겠지?

연립방정식 $\begin{cases} x+y=6 & \cdots ① \\ 3x+2y=14 & \cdots ② \end{cases}$ 를 대입법으로 풀어 보자.

먼저 ①을 y에 관하여 풀면 $y=6-x \cdots ③$

③을 ②의 y에 대입하면 $3x+2(6-x)=14$

괄호를 풀고 정리하면 $x=2$

이것을 ① 또는 ②에 대입하면 $y=4$

등치법

등치법은 연립방정식의 두 방정식을 모두 하나의 미지수에 관하여 풀고, 이것이 서로 같다는 성질을 이용하여 해를 구하는 방법이야.

연립방정식 $\begin{cases} x+y=6 & \cdots ① \\ 3x+2y=14 & \cdots ② \end{cases}$ 를 등치법으로 풀어 볼까?

① x를 y에 관하여 풀면 $y=6-x \cdots ③$

② x를 y에 관하여 풀면 $2y=14-3x$

$$y = 7 - \frac{3}{2}x \quad \cdots ④$$

③과 ④의 우변은 서로 같으니까 $6 - x = 7 - \dfrac{3}{2}x$

이것을 풀면 $x = 2$

이것을 ①에 대입하면(②에 대입해도 됨) $y = 4$

연립방정식을 풀 때에는 '가감법, 대입법, 등치법 중 어느 것으로 풀 것인가?'를 먼저 결정한 후 풀면 되는데, 보통은 가감법을 제일 많이 쓴단다. 두 식 중 하나가 어느 한 문자에 관하여 정리되어 있으면 대입법을 쓰면 되고. 등치법은 잘 안 쓰는 편이란다.

● 복잡한 연립방정식의 풀이도 척척!

괄호가 있는 연립방정식

분배법칙을 이용하여 괄호를 풀고, 동류항끼리 정리
하여 간단한 모양으로 고쳐서 푼다.

계수가 분수인 연립방정식

양변에 분모의 최소공배수를 곱하여 계수가 정수인 방정
식으로 고쳐서 푼다.

계수가 소수인 연립방정식

양변에 10, 100, 1000, …등 10의 거듭제곱을 곱하여 계수가 정수인 방정
식으로 고쳐서 푼다.

A=B=C 꼴의 연립방정식

$$\begin{cases} A = B \\ A = C \end{cases}, \begin{cases} A = B \\ B = C \end{cases}, \begin{cases} A = C \\ B = C \end{cases}$$ 꼴 중에서 간단한 것을 택하여 푼다.

예를 들어 줄까?

연립방정식 $3x + 4y + 5 = x - y + 6 = 10$ 은

$$\begin{cases} 3x + 4y + 5 = 10 \\ x - y + 6 = 10 \end{cases}$$ 으로 바꿔서 푸는 것이 가장 쉽겠지?

평면에서 두 직선의 위치 관계는 다음의 세 가지 경우가 있어.

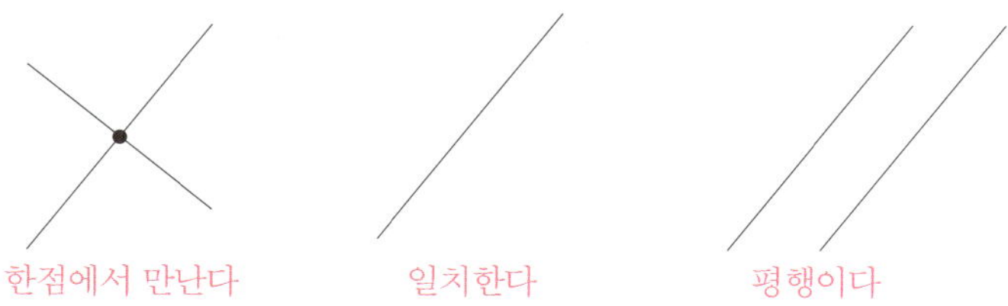

보통의 경우 연립일차방정식의 해가 한 쌍이잖니? 이것이 바로 두 직선이 한 점에서 만나는 경우야. 특수한 경우는, 일치하는 경우와 평행하는 경우를 말하는데, 두 직선이 일치하는 경우에는 해가 무수히 많게 되고, 또 평행한 경우에는 연립방정식의 해는 없게 된단다. 선생님이 자세히 설명해 줄게. 잘 보렴.

해가 무수히 많은 경우

두 방정식 중 어느 한쪽의 방정식을 변형하였을 때, 나머지 방정식과 일치되면 이 연립방정식의 해는 무수히 많은 거란다.

예를 들어 줄까?

연립방정식 $\begin{cases} x+y=2 & \cdots ① \\ 2x+2y=4 & \cdots ② \end{cases}$ 에서 ①식의 양변에 2를

곱하면 ②의 식과 같잖니? 두 식이 완전히 같은 식이니까 당연히 해는 무수히 많은 거야.

두 방정식 중 어느 한쪽의 방정식을 변형하였을 때, 나머지 식과 x, y의 항의 계수는 일치하지만 상수항이 같지 않으면 이 연립방정식의 해는 없는 거야. 다음의 예를 보렴.

$$\begin{cases} x+y=2 & \cdots ① \\ 2x+2y=1 & \cdots ② \end{cases}$$

①의 식의 양변에 2를 곱하면 $2x+2y=4$가 되잖니? 이 식과 ②식을 비교하면 좌변은 $2x+2y$로 똑같은데 우변은 다르잖아. 그러니까 이 연립방정식의 해는 없는 거야.

A=B=C 꼴의 연립방정식은
$$\begin{cases} A=B \\ A=C \end{cases} \begin{cases} A=B \\ B=C \end{cases} \begin{cases} A=C \\ B=C \end{cases}$$
꼴 중에서 어느 것을 택하여 풀어도 해가 같은가요?

그렇지. A=B=C는 'A=B이고, B=C이고, C=A이다.'의 의미를 가지고 있지만, A=B이고, B=C이면 삼단논법에 의해서 C=A가 되기 때문에 $\begin{cases} A=B \\ A=C \end{cases}$ 만 풀면 되는 거야. 다른 것들도 마찬가지란다.
그리고 위의 3개 중 어느 것을 풀어도 답은 같기 때문에 편리한 것을 택해서 풀면 되는 거야.

선생님, 연립방정식을 풀다 보니 $0 \times x = 0$, $0 \times y = 0$이 되었어요. 이때 답은 어떻게 써야 하나요?

이럴 때, 너희들이 당황하기 쉬운데 잘 보렴.
$0 \times x = 0$, $0 \times y = 0$
이 식의 x, y에는 어떤 수를 넣어도 등식이 성립하잖니? 그러니까 해는 모든 실수, 즉 해가 무수히 많은 거란다.

반면, 아래의 식을 보렴.
$0 \times x = 2$, $0 \times y = 3$
이 식을 만족하는 x, y는 존재하지 않겠지?
그러니까 이런 경우, 해는 없단다.

연립방정식 $\begin{cases} 2x-3y=6 \\ 6x+ay=-6 \end{cases}$ 의
해가 없게 하려면 a의 값을
어떻게 구해야 하나요?

연립방정식 $\begin{cases} ax+by=c \\ a'x+b'y=c' \end{cases}$ 에서
해가 없는 경우는
x, y항의 계수는 각각 같고,
상수항은 같지 않은 경우야.
이건 중요하니까 꼭 외워야 해.
선생님과 함께 풀어 볼까?
$2x-3y=6$의 양변을 3배 하면
$6x-9y=18$
이 식과 $6x+ay=-6$의
x, y 항의 계수가 같고,
상수항은 달라야 하니까
$a=-9$가 되겠구나.
이제 알겠니?

부등호와 부등식의 세계로

첫걸음 떼기

방정식이 미지수와 등호($=$)로 이루어진 식이라면 부등식은 미지수와 부등호($<$, $>$, $\leq$, $\geq$)로 이루어진 식이라고 할 수 있어. 부등식에서 좌변과 우변 값의 대소($大小$) 관계가, 주어진 부등호의 방향과 일치할 때, 그 부등식은 '참'이 된단다. 부등식의 해는 부등식을 참이 되게 하는 미지수의 값을 말하는 거야.

부등호는 왜 사용하는 걸까?

점심시간에 남학생들이 운동장에서 공을 차고 있었어. 그 상황을 지켜보고 있던 교장선생님께서 어느 학생에게 "지금 운동장에서 뛰어노는 아이들이 몇 명이니?" 하고 물으셨어. 그 학생은 친구들을 하나, 둘, 세기 시작했는데, 생각보다 힘이 들었어. 아이들이 자꾸 움직이고 또 너무 많아서 일일이 세기가 힘들었거든. 그때 문득 아이디어가 떠오른 학생은 "교장선생님, 운동장에 있는 학생들은 확실히 1,000명보다는 적습니다."라고 대답했단다. 전교에 남학생이 모두 1,000명이었거든.

이처럼 하나씩 세는 것보다 그 상대적인 크기를 비교하는 일이 더 간단하기 때문에 우리는 부등호를 사용한단다. 그리고 '부등호'를 사용하여 두 수나 식의 대소 관계를 나타낸 식을 '부등식'이라고 불러. 이러한 부등식을 나타낼 때는 기호 >, <를 사용한단다. 이 기호를 부등호라고 하는데 초기의 부등호는 영국의 수학자 오트레드(Oughtred)에 의해 시작된 기호 ⌐, ⌐가 사용되고 있었지.

이 기호를 현대적 기호인 >, <로 처음 사용한 사람은 17세기 영국의 수학자 토마스 해리엇(T. Harriot : 1560~1621)이었어. 그는 미국 원주민이 칼에 표시한 장식에서 이 기호의 힌트를 얻었다고 자신이 쓴 『해석학의 실제』라는 책에서 이야기했단다. 17세기 초에는 이미 문자를 사용하는 식이 많이 쓰이고 있었고, 따라서 당시의 대수학은 자연히 부등식의 표현을 필요로 하게 되었던 거야.

또한 기호 ≥, ≤는 이보다 1세기가 지나서 프랑스의 부게르(Bouger)에 의하여 처음으로 도입되었다고 알려져 있어. 이 기호는 해리엇의 기호에 단순히 등호 =를 합쳐서 만든 거야.

부등호를 사용하기 위해서는 적어도 2개의 수가 필요하지. 왜냐하면 부등호는 서로 상대적인 양을 다루기 때문이야. 그러니까 부등식에 의해서 표현되는 수는 반드시 실수여야 하는 거란다. 고등학교에서 배우게 되겠지만 허수(虛數)가 포함된 경우에는 서로 상대적인 위치나 크기를 설정하기가 불가능하거든.

그런데 부등식 중에서 항상 성립하는 부등식이 있어. 절대부등식이라 하는데 절대적으로 성립한다는 의미에서 이름 붙인 거란다.

①, ②, ③, ④, ⑤, ⑥의 번호가 쓰여 있는 6개의 구슬이 있다고 하자. 6개의 크기와 모양이 같은 구슬 중에서 5개는 무게가 같고, 1개는 나머지 것들보다 무겁다면 양팔저울을 사용해서 무거운 구슬을 어떻게 골라 낼 수 있을까? 자, 선생님과 함께 풀어 보자꾸나. 잘 보렴.

①, ②, ③의 구슬을 저울의 한쪽에 올려놓고 ④, ⑤, ⑥의 구슬을 저울의 다른 쪽에 올려놓으면 저울은 어느 한쪽으로 기울어지겠지? 이때 기울어진 쪽의 구슬 3개 중 2개를 양팔저울의 양쪽에 하나씩 올려놓아 봐.

만약 어느 한쪽으로 기울어진다면 바로 그 구슬이 무거운 구슬이란다.

그런데 기울어지지 않고 평행을 이룬다면?

저울에 올려놓지 않은 구슬이 바로 무거운 구슬이지.

만약 무거운 구슬이 ①번이라면 '①번 구슬의 무게는 ②번 구슬의 무게보다 크다.' '①, ②, ③번 구슬의 무게의 합은 ④, ⑤, ⑥번 구슬의 무게의 합보다 크다.' 등 여러 가지 부등식이 성립하는 거란다.

'크고, 작은' 부등식의 세계

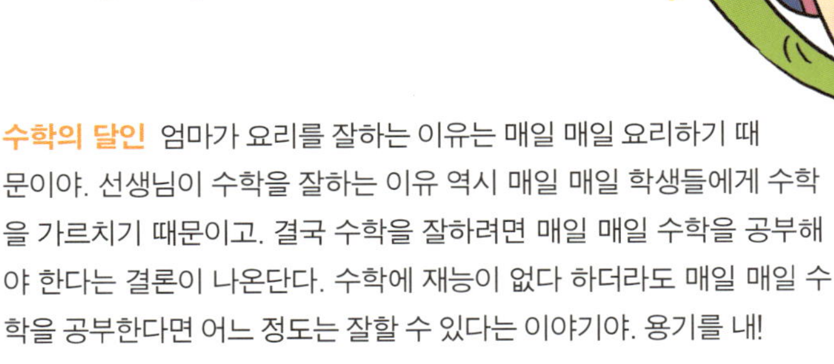

수학의 달인 엄마가 요리를 잘하는 이유는 매일 매일 요리하기 때문이야. 선생님이 수학을 잘하는 이유 역시 매일 매일 학생들에게 수학을 가르치기 때문이고. 결국 수학을 잘하려면 매일 매일 수학을 공부해야 한다는 결론이 나온단다. 수학에 재능이 없다 하더라도 매일 매일 수학을 공부한다면 어느 정도는 잘할 수 있다는 이야기야. 용기를 내!

● 방정식과 부등식의 다른 점은?

	일차방정식	일차부등식
형태	$ax = b\,(단,\ a \neq 0)$	$ax > b$
해	$x = \dfrac{b}{a}$	$x > \dfrac{b}{a}\ (a > 0),\ \ x < \dfrac{b}{a}\ (a < 0)$
성질	$a = b$이면 $a + c = b + c$ $a = b$이면 $a - c = b - c$ $a = b$이면 $ac = bc$ $a = b$이면 $\dfrac{a}{c} = \dfrac{b}{c}\ (단,\ c \neq 0)$	$a > b$이면 $a + c > b + c$ $a > b$이면 $a - c > b - c$ $a > b$이고 $c > 0$이면 $ac > bc,\ \dfrac{a}{c} > \dfrac{b}{c}$ $a > b$이고 $c < 0$이면 $ac < bc,\ \dfrac{a}{c} < \dfrac{b}{c}$

일차방정식은 $ax+b=0$(단, $a\neq0$)로 나타내어지는데, 이것의 풀이는 일차방정식을 $ax=b$의 형태로 바꾼 다음, 양변을 x의 계수 a로 나누어서 풀면 된단다.

부등식은 이항하여 정리한 식이 $ax>b$, $ax<b$, $ax\geq b$, $ax\leq b\,(a\neq0)$의 형태를 말하는 거야. 그중 하나인 $ax>b$의 경우 a가 양수이면 부등식의 양변을 a로 나누어 $x>\dfrac{b}{a}\,(a>0)$가 된단다. 그러나 a가 음수이면 부등호의 방향이 바뀌어 $x<\dfrac{b}{a}\,(a<0)$가 돼.

문제가 아무리 복잡하게 응용되어 있어도 위의 핵심을 잃지 않고 지켜 나가면 어떤 문제라도 풀 수 있단다. 그리고 일차방정식은 일반적으로 해가 하나이기 때문에 수직선이 필요 없지만, 일차부등식의 해는 대부분 무한집합이어서 해를 수직선에 나타내 볼 필요가 있단다.

부등식이란 부등호($<$, $>$, $\leq$, $\geq$)를 사용하여 두 수 또는 두 식의 대소 관계를 나타낸 식을 말해. 부등식에서 부등호의 왼쪽 부분을 좌변, 오른쪽 부분을 우변, 좌변과 우변을 통틀어 양변이라고 한단다. 그 쓰임을 잘 보렴.

① x는 a보다 크다(초과) $\Rightarrow x>a$

② x는 a보다 작다(미만) $\Rightarrow x<a$

③ x는 a보다 크거나 같다(이상) $\Rightarrow x\geq a$

④ x는 a보다 작거나 같다(이하) $\Rightarrow x\leq a$

부등식에서 부등호가 옳게 사용된 식을 '참', 부등호가 옳게 사용되지 못한 식을 '거짓'이라고 한단다. $2>0$는 참이지? 그럼, $2<0$는 거짓이 되겠고.

부등식을 '참'이 되게 하는 미지수 x의 값을 '부등식의 해'라 하고 부등식의 해를 구하는 것을 '부등식을 푼다.'고 한단다.

● 부등식의 성질을 알아야 해!

부등식은 다음과 같은 성질을 가지고 있는데, 이건 부등식을 푸는 데 꼭
필요한 거니까 잘 알아야 해.

① 부등식의 양변에 같은 수를 더하거나 빼도 부등호의 방향은 바뀌지
  않는다. $1<2$일 때, $1+3<2+3$, $1-3<2-3$

② 부등식의 양변에 같은 양수를 곱하거나 나누어도 부등호의 방향은
  바뀌지 않는다. $1<2$일 때, $1\times3<2\times3$, $1\div3<2\div3$

③ 부등식의 양변에 같은 음수를 곱하거나 나누면 부등호의 방향은
  바뀐다. $1<2$일 때, $1\times(-3)>2\times(-3)$, $1\div(-3)>2\div(-3)$

위의 성질을 잘 살펴보면, 부등식의 양변에 같은 음수를 곱하거나 나눌 때
에만 부등호의 방향이 바뀌는 것을 알 수 있어. 이건 중요하니까 꼭 기억해
두렴. 마찬가지로 부등호 '$<$'를 '$\leq$'로 바꾸어도 위의 성질이 성립한단다!

● 부등식의 풀이는?

부등식의 풀이는 부등식의 성질을 이용하여 주어진
부등식을 $x>$수, $x<$수, $x\geq$수, $x\leq$수의 모양으로 고쳐
서 해를 구하면 되는 거야. 예를 들어 줄까?

$3x+1<2$

$\Rightarrow (3x+1)-1<2-1$ (부등식의 양변에서 1을 빼어도, 부등호의 방향은 바뀌지 않는다.)

$$\Rightarrow 3x < 1$$

$$\Rightarrow \frac{3x}{3} < \frac{1}{3}$$ (부등식의 양변을 같은 양수로 나누어도, 부등호의 방향은 바뀌지 않는다.)

$$\Rightarrow x < \frac{1}{3}$$

결국, 부등식 $3x+1<2$를 만족하는 해는 $x<\dfrac{1}{3}$가 되는 거란다.

부등식의 해를 수직선 위에 나타내면 다음과 같아. 잘 보렴.

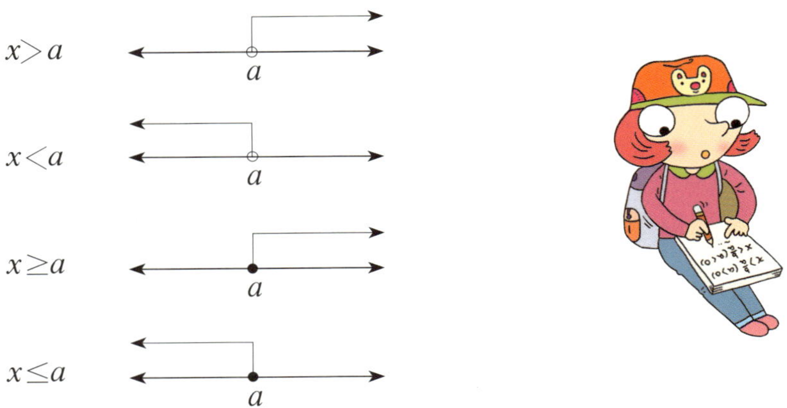

단, 흰 점은 $x=a$인 점을 포함하지 않고, 검은 점은 $x=a$인 점을 포함한다는 사실을 잊지 않도록!

위의 부등식의 해 $x<\dfrac{1}{3}$를 수직선으로 표시하면

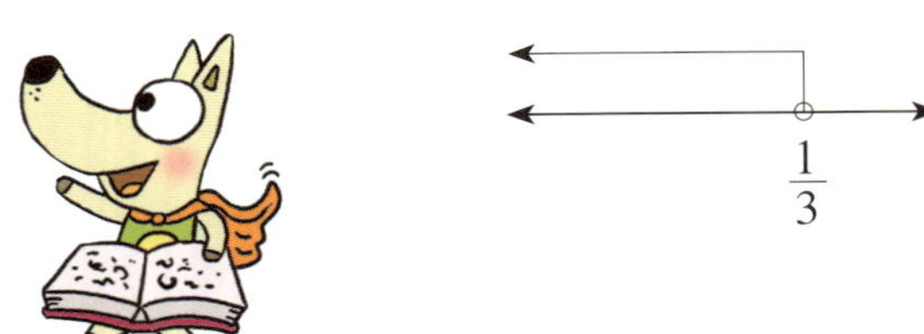

● 일차부등식의 뜻과 그 풀이

부등식의 모든 항을 이항하여 정리한 식이 다음의 어느 한 가지 모양으로 나타나는 부등식을 '일차부등식'이라 한단다.

일차식 > 0, 일차식 < 0, 일차식 ≥ 0, 일차식 ≤ 0

일차부등식의 풀이는 다음 순서대로 하면 된단다.

① 괄호가 있으면 괄호를 푼다.

② 계수가 분수나 소수이면 양변에 알맞은 수를 곱하여 계수를 정수로 고친다.

③ 미지수 x를 포함한 항은 좌변으로, 상수항은 우변으로 이항한다.

④ 양변을 간단히 하여 $ax > b$, $ax < b$, $ax \geq b$, $ax \leq b\,(a \neq 0)$의 모양으로 고친다.

⑤ x의 계수 a로 양변을 나눈다. 이때 계수 a가 음수면 부등호의 방향이 바뀐다.

예를 들어 줄게.

$$4(x-1) \leq 2(x+1) \quad \text{(괄호를 풀면)}$$
$$4x - 4 \leq 2x + 2 \quad \text{(x를 포함하는 항을 좌변으로, 상수항을 우변으로 이항하면)}$$
$$2x \leq 6$$

따라서 $x \leq 3$이고 이것을 수직선으로 나타내면 다음과 같아.

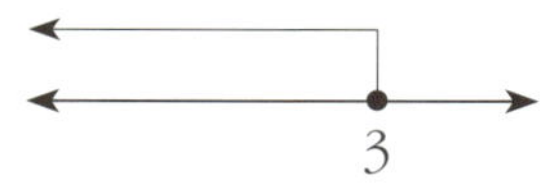

계수가 소수인 부등식은 계수를 정수로 고친 다음 풀면 되는 거야.

$$1.4x - 4.3 \geq 2x - 3.1 \quad \text{(양변에 10을 곱하면)}$$
$$14x - 43 \geq 20x - 31 \quad (x\text{를 포함하는 항을 좌변으로, 상수항을 우변으로 이항하면)}$$
$$-6x \geq 12 \quad \text{(양변을 } -6\text{으로 나누면)}$$
$$x \leq -2$$

x의 계수 a로 양변을 나눌 때, a가 -6으로 음수이니까 부등호의 방향이 바뀌었다는 사실, 눈치 챘니? 이 점, 각별히 유의해야 한단다. 실수하기 쉽거든.

● 일차부등식의 활용도 척척!

일차부등식의 활용 문제는 아래 순서대로 풀면 돼.

① 문제의 뜻을 파악하고, 구하고자 하는 수를 x로 놓는다.
② 문제의 뜻에 맞게 x에 대한 부등식을 세운다.
③ 부등식을 푼다.
④ 구한 해가 문제의 조건에 맞는지 검토한다.

함께 문제를 풀어 보자.

민정이는 친구 다원이의 생일에 2,000원짜리 샤프 1자루와 700원짜리 볼펜 몇 자루를 1,500원짜리 필통에 넣어서 5,000원 이하가 되는 생일 선물을 하려고 한다. 볼펜은 몇 자루까지 넣을 수 있을까?

문제의 뜻을 파악했니? 그럼 무엇을 미지수 x로 놓아야 할까?

그래, 볼펜의 개수를 x로 놓고 문제의 뜻에 따라 부등식을 만들자꾸나. 700원짜리 볼펜 x자루의 값은 $700x$(원)이니까 문제의 뜻에 맞는 부등식은 $2000+700x+1500 \leq 5000$이야.

이것을 풀면 $700x \leq 1500$, $x \leq \frac{15}{7}$, 이것은 $x \leq 2\frac{1}{7}$와 같은 거니까 볼펜은 최대 2자루까지 넣을 수 있겠구나. 따라서 구하는 답은 2자루가 된단다.

선생님과 함께 검산해 볼까?

만약 볼펜을 한 자루도 사지 않는다면 $x=0$이니까

$2000 + 700 \times 0 + 1500 = 3500 \leq 5000$

볼펜을 한 자루 사면 $x=1$이니까

$2000 + 700 \times 1 + 1500 = 4200 \leq 5000$

볼펜을 두 자루 사면 $x=2$이니까

$2000 + 700 \times 2 + 1500 = 4900 \leq 5000$

볼펜을 세 자루 사면 물건의 합이 5000원을 넘는다는 사실, 눈치 챘니?

● 연립부등식의 해는 '교집합'

두 개 이상의 부등식을 한 쌍으로 묶어 놓은 식을 연립부등식이라 하고, 연립부등식을 이루는 각 부등식을 동시에 만족시키는 x의 값을 연립부등식의 해라고 한단다. 연립부등식의 모든 해를 구하는 것을 '연립부등식을 푼다.'고 말해. 푸는 방법은 다음과 같아.

① 각각의 부등식을 하나씩 푼다.
② 각 부등식의 해를 수직선 위에 나타내어 공통부분(교집합)을 구한다.

연립부등식을 풀다 보면 해가 하나인 경우와 해가 없는 경우도 있어. 선생님이 자세히 설명해 줄 테니 잘 보렴.

해가 하나인 경우

$$\begin{cases} 8-4x \geq x+3 & \cdots ① \\ -(x-4) \leq 2x+1 & \cdots ② \end{cases}$$

$① \quad -4x-x \geq 3-8$

$$-5x \geq -5$$

$$x \leq 1$$

$② \quad -x+4 \leq 2x+1$

$$-x-2x \leq 1-4$$

$$-3x \leq -3$$

$$x \geq 1$$

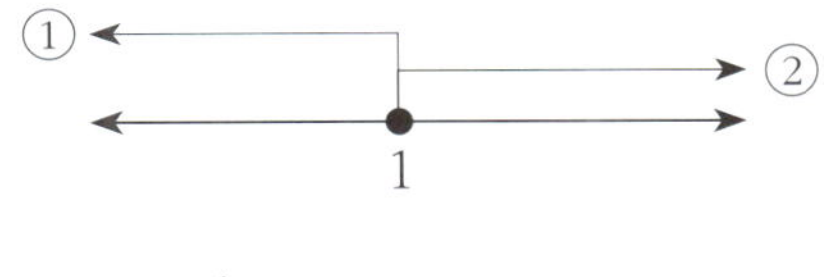

$$\therefore x=1$$

①과 ②의 교집합은 $x=1$ 하나뿐이잖니? 그러니까 해는 $x=1$이 되는 거야.

해가 없는 경우

$$\begin{cases} 3x-1 > 5 & \cdots ① \\ 3-2x > 7 & \cdots ② \end{cases}$$

$① \quad 3x > 6 \qquad ② \quad -2x > 4$

$\qquad x > 2 \qquad\qquad x < -2$

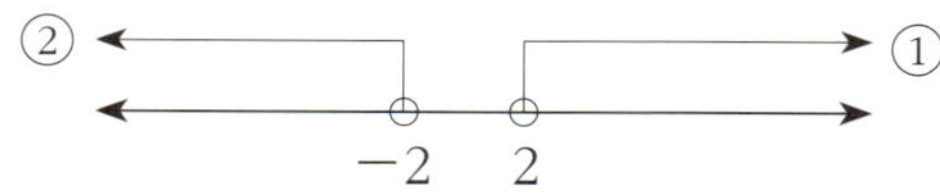

$\therefore$ 해가 없다.

이런 문제에서 학생들은 답을 $x>2$ 또는 $x<-2$라 하기 쉽지. 연립부등식의 해는 교집합(합집합 아님)이므로 이런 경우에는 해가 없는 거란다. 주의해야 해.

● A<B<C 꼴의 연립부등식은 어떻게 풀지?

A<B<C 꼴의 연립부등식은 $\begin{cases} A<B \\ B<C \end{cases}$ 의 꼴로 만들어서 푸는 거야.

A=B=C 꼴의 연립방정식은 $\begin{cases} A=B \\ A=C \end{cases}$, $\begin{cases} A=B \\ B=C \end{cases}$, $\begin{cases} A=C \\ B=C \end{cases}$ 중 어느 것을 풀

어도 되지만 A<B<C꼴의 연립부등식은 반드시 $\begin{cases} A<B \\ B<C \end{cases}$

의 꼴로 만들어서 풀어야 한단다.

예를 들어, $-1 \leq 5-2x < 9$를 풀어 볼까?

이 부등식은 $\begin{cases} -1 \leq 5-2x \\ 5-2x < 9 \end{cases}$ 로 바꾸면 되겠지?

첫 번째 부등식을 풀면 $2x \leq 6$, 즉 $x \leq 3$ … ①

두 번째 부등식은 $-2x < 4$, 즉 $x > -2$ … ②

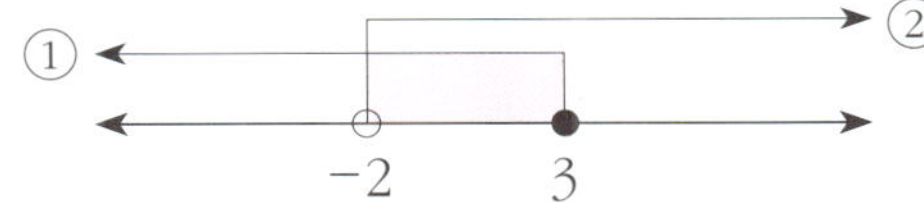

①과 ②의 교집합은 −2$<$$x$≤3가 되는 거야.

● 도우미 : 부등식 읽는 방법

−2$<$$x$≤3를 읽을 때, '$x$는 −2보다 크고 3보다 작거나 같다.'라고 읽는 거야. '−2가 x보다 작고 3보다 작거나 같다.'로 읽는 것은 잘못 읽은 거란다.

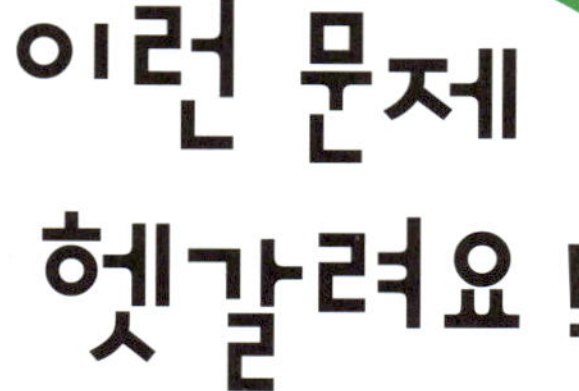

**부등식을 풀 때,
부등호의 방향이 바뀌는
경우는 어떤 때인가요?**

주어진 부등식에 같은 음수를 곱하거나 나누면
부등호의 방향이 바뀌게 된단다. 잘 보렴.
$a < b$일 때, 양변에 2를 곱하면 $2a < 2b$로 부등호의
방향이 바뀌지 않지만, 양변에 -2를 곱하면
$-2a > -2b$가 되어 부등호의 방향이 바뀐단다.
나누는 경우도 마찬가지야.
$a < b$일 때, $\dfrac{a}{2} < \dfrac{b}{2}$, $\dfrac{a}{-2} > \dfrac{b}{-2}$

**연립부등식의 해는
합집합인가요?
교집합인가요?**

교집합이지. 수직선으로 나타내어질 때,
겹치는 부분을 답하면 되는 거야. 잘 보렴.
연립부등식 문제를 풀었을 때 답이,
하나는 $x > 1$이고, 다른 하나는 $x > 2$라면
연립부등식의 답은?

$x>2$가 되는 거야.

왜냐하면 두 집합의 교집합이 답이잖니?

두 부등식을 모두 만족해야 한다는 뜻이지.

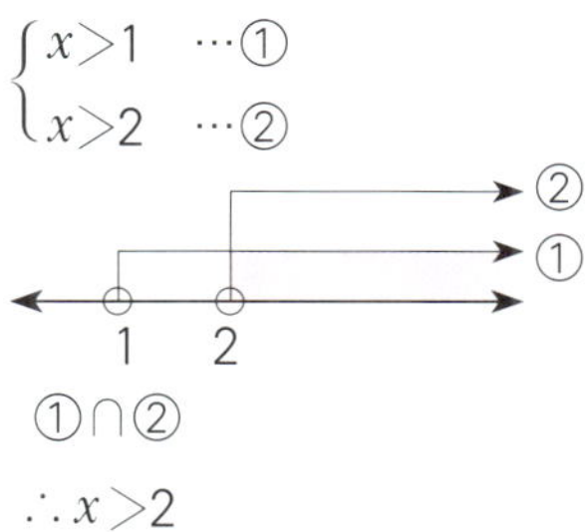

여러 가지 경우를 예로 들어 줄게.

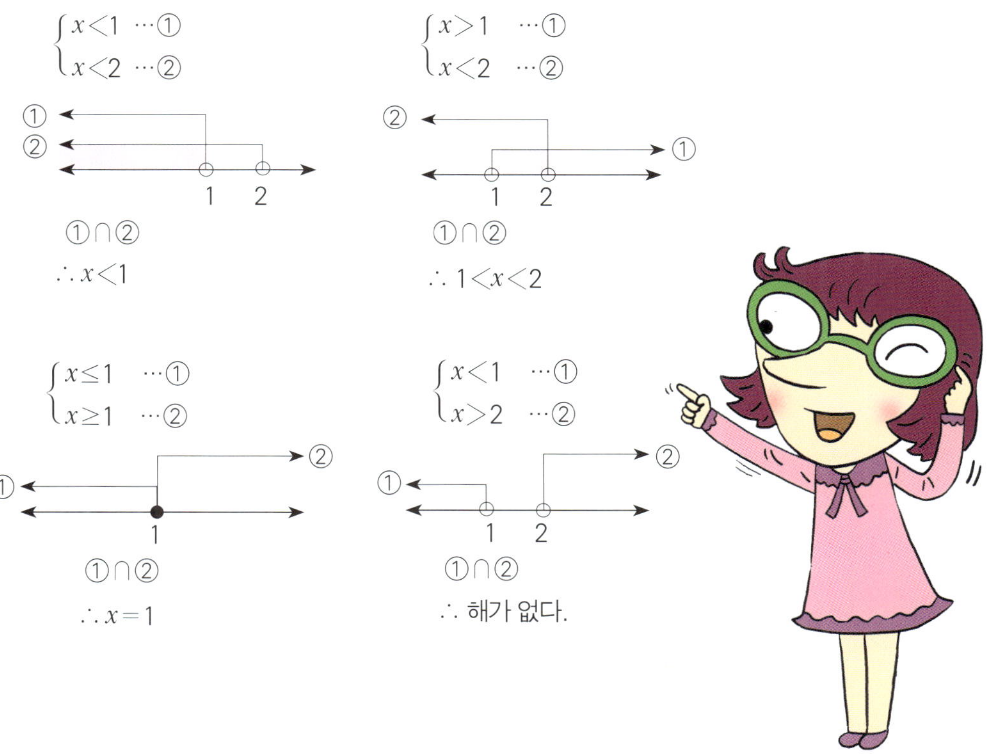

놀면서 혼자 하는
2부_규칙성과 함수

함수란 무엇일까? 중학교 1학년 – 함수와 그래프

일차함수는 직선이다! 중학교 2학년 – 일차함수

이차함수는 포물선이다! 중학교 3학년 – 이차함수

함수란 무엇일까?

첫걸음 떼기

우리 주변에서 흔히 느낄 수 있는 변화에 대해 호기심을 가져 보렴. 예를 들어 볼까? 일정한 속력으로 달리는 자동차의 달린 시간과 거리, 휴대전화 통화량과 사용 요금 등이 있지. 변화하는 현상들을 주의 깊게 살펴보면, 한쪽 양이 변함에 따라 다른 쪽 양도 변하는 것을 알 수 있지. 이렇게 변화하는 두 양 사이의 관계를 수학적으로 나타낸 것이 '함수'란다.

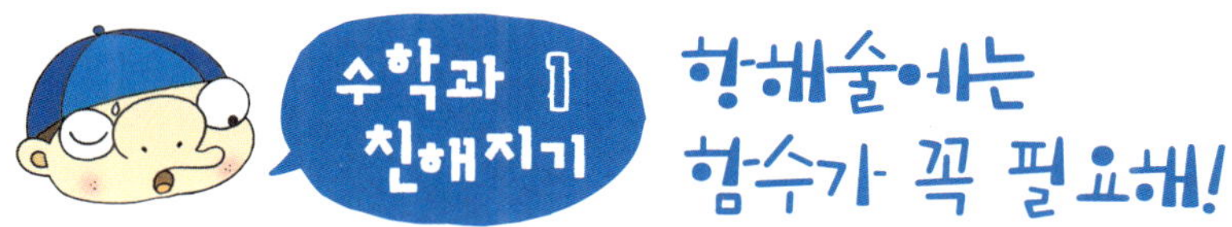

산에 높이 오를수록 기온은 내려간다.

해가 바뀌면 나이를 한 살 더 먹는다.

번개가 친 곳에서 멀리 떨어져 있을수록 천둥소리는 늦게 들린다.

이처럼 변하는 두 양 사이의 관계를 잘 파악하는 것은, 변화하는 상황을 예측하고 통제하는 데 매우 필요하단다. 합리적인 판단을 하거나 미래를 예측하는 데 도움을 얻을 수 있기 때문이야. 함수란 변화하는 두 양 사이의 관계를 수학적으로 나타낸 것을 말하는데, 처음에 함수는 수를 적어 놓

은 여러 가지 표에서 발전하였다고 해. 상인들이 거래 내역을 장부에 기록한 것도 함수로 볼 수 있어. 물건의 판매량에 따라 판매 대금도 달라지기 때문이야.

근대에는 항해술이 발달하였는데, 망망대해에서 배의 위치가 어디쯤인지를 알기 위해 새로운 항해술을 필요로 했단다. 여기에도 좌표나 변수, 함수라는 개념이 필요했어. 자꾸 변해 가는 대상을 연구하기 위해서지. 오늘날에도 함수는 자연현상뿐만 아니라 실생활의 여러 가지 문제를 해결하는 데 없어서는 안 된단다. 앞의 예들 말고 또 어떤 함수의 예들이 있는지 선생님과 함께 살펴볼까?

자전거 페달을 밟으면 바퀴가 돌아 앞으로 나아가는 것

피아노 건반을 누르면 소리가 나는 것

병원에서 화면을 통해 심장 상태를 파악하는 것

온도나 기압의 분포

증권 시장의 가격 변화 전망

국민의 소득에 따른 세금 부과

택시 요금 계산

우주선의 왕복 궤도 계산

지진의 세기

물건의 소비량 예측

⋮

이루 말할 수 없이 많은 생활 현상들이 함수로 표현되고 있지? 어떤 수학자는 심지어 수학을 '함수 관계를 다루는 학문'이라고 축소해 말할 정도야. 현대수학의 기본이 함수라는 사실! 놀랍지 않니?

데카르트와 파리?

데카르트(Rene Descartes : 1596~1650)는 프랑스의 철학자이며 수학자, 그리고 물리학자였어. 근대 철학의 아버지라 불리는 데카르트의 명언 중 "나는 생각한다, 고로 나는 존재한다."는 말이 있어. 선생님이 고등학교 때 친구들한테 폼 잡으며 즐겨 쓰던 말이었단다.

데카르트는 프랑스 중부의 관료 귀족 집안 출신으로 생후 1년 만에 어머니와 사별했지만, 자상한 아버지와 충실한 보모의 손에 자랐단다. 어려서부터 몸이 허약했기 때문에 그의 아버지는 여덟 살 되던 해까지 학교에 보내지 않다가 아들의 뛰어난 재능을 아깝게 여기고 예수회의 '라 플레슈 학원'에 보냈다고 해. 마침 그 학교의 교장인 샤를레 신부는 영리한 데카르트를 무척 아끼는 마음에 데카르트로 하여금 부담 없이 수업을 듣도록 배려해 주었단다.

몸이 약한 데카르트는 아침을 주로 침대에 누워 조용히 명상을 하면서 보냈는데 이때의 명상이 그의 철학과 수학에 대한 생각의 원천이 되었다고 해. 20세 때 군대에 가서도 여전히 아침 늦게까지 명상을 하곤 하였단다. 그러던 어느 날, 막사 침대에 누워 있는데, 천장에 붙어 있는 파리가 보였어. 데카르트는 이리저리 움직이는 파리의 위치를 어떻게 나타내면 좋을까를 생각하다가 '좌표'라는 엄청난 발견을 하게 되었단다.

‘움직이고 있는 파리가 이곳에서 저곳으로 자리를 옮겼다는 사실을 어떻게 하면 잘 설명할 수 있을까? 이곳과 저곳을 어떻게 정하면 될까?’ 하고 생각하게 된 거지. 데카르트는 고정된 것이 아닌, 움직이는 물체인 파리의 위치를 점으로 보고, 이 점이 있는 곳을 말해 주려면 어떤 기준이 있어야 한다는 사실을 깨달았던 거야. 그리하여 ‘좌표’에 대한 아이디어를 얻었지. 참으로 놀랍지 않니?

데카르트 덕분에 직선뿐만 아니라 원, 타원, 쌍곡선과 같은 도형도 모두 식으로 나타낼 수 있게 되었단다. 고마운 데카르트!

라이프니츠(G. W. Leibniz : 1646~1716)는 독일의 철학자 · 수학자 · 자연과학자 · 법학자 · 신학자 · 언어학자 · 역사가였어. 정말 많은 분야에서 업적을 남긴 것 같지 않니? 게다가 외교관 · 실무가 · 기술자로도 활약했다고 하니 참 부러울 뿐이란다. 라이프니츠는 17세기의 위대한 세계적 천재임에 틀림없는 거 같아. 라이프니츠는 처음으로 '함수'란 용어를 수학에서 사용했단다. 그 후 함수를 나타내는 기호 $f(x)$는 오일러(Euler)가 처음 사용했다고 해.

게다가 라이프니츠는 미적분학과 관련해 적분 기호인 인테그랄(integral) $\int$을 만들었어. 여러 가지 미적분의 법칙도 발견했지.

그런데 라이프니츠와 뉴턴은 '미적분학을 누가 먼저 발견했는가?'를 놓고 논쟁을 벌이기도 했다는구나. 이들은 편지를 통해 미적분학 연구 결과를 교류했다고 해. 뉴턴이 먼저 편지를 보낸 뒤 라이프니츠가 바로 답장을 했지만 답장은 무려 6주나 걸려 도착했단다.

요즘같이 인터넷이 발달한 시대에 살고 있는 우리는 이해하기 힘든 일이지. 뉴턴은 라이프니츠가 자신의 방법을 훔쳐 서둘러 책을 출판했다고 생각했어. 그러니까 뉴턴이 먼저 공식을 고안했지만 라이프니츠가 먼저 발표했기 때문에 특허권은 라이프니츠에게 있는 셈이었지. 뉴턴은 두 번째 서신에서 라이프니츠에게 자신의 생각을 훔친 것 아니냐는 내용을 전했고, 라이프니츠는 답변에서 자신의 기본 원리들을 상세하게 적어 보냈지.

　이렇듯 뉴턴과 라이프니츠 모두 동시에 미적분을 발견한 것으로 인정되고 있지만 독일과 영국에서는 각각 라이프니츠와 뉴턴이 미적분의 창시자라고 주장하고 있단다.

　하지만 무작정 뉴턴의 편만 들던 영국 학계는 라이프니츠가 사용한 편리한 기호를 외면하는 바람에 유럽의 다른 지역에 비해 이 분야에서 수십 년 동안 상대적으로 뒤떨어졌단다. 그래서 상당한 손해를 입게 되었다는 후문이 있어. 수학의 역사를 살펴보면 참 재미있지 않니? 딱딱하게만 느껴지던 수학이 왠지 인간적으로 다가오는 느낌이 드는걸.

함수의 개념부터 이해하기

수학의 달인 수학을 잘하려면, 매일 꾸준히 공부해야 해. 수학은 소설처럼 하루아침에 뚝딱 읽어 치울 수 있는 과목이 아니거든. 한 줄 한 줄에 담긴 원리와 의미를 이해하려면 대충 읽어서는 안 된단다. 그만큼 수학은 어려운 학문이야. 선생님이 가르친 '위대한 제자' 중 한 명은 고등학교 3년 동안 수학 문제를 단 한 문제도 안 틀렸는데, 그 학생은 한 단원당 수학 책을 무려 7권씩이나 풀었다고 하더구나. 보통 학생들은 문제집 한두 권 풀기에도 바쁜데 말이야. 이 정도는 아니더라도 꾸준히 날마다 수학 공부를 해야겠지?

● 함수란 무엇일까?

2008년 베이징 올림픽 수영 분야에서 금메달을 딴 박태환 선수가 연습하고 있는 수영장에 물을 채우려고 해. 일정하게 물이 나오는 수도꼭지를 이용해서 깊이가 2m이고 바닥이 직사각형 모양인 수영장에 물을 채우는 작업이야.

1분 후의 물의 높이는 10cm,

2분 후의 물의 높이는 20cm,

3분 후의 물의 높이는 30cm,

$$\vdots$$

물을 받는 시간이 1분, 2분, 3분, …으로 변함에 따라 채워진 물의 높이도 $10\,\text{cm}$, $20\,\text{cm}$, $30\,\text{cm}$, …로 변하는 것을 알 수 있잖니?

따라서 물을 받는 시간을 x분, 그 시간 동안 채워진 물의 높이를 $y\,\text{cm}$라고 하면, $y=10x$인 관계가 성립하고, x의 값이 변함에 따라 y의 값이 하나씩 정해짐을 알 수 있단다.

여기서 x, y와 같이 여러 가지 값을 갖는 문자를 '변수'라 하고, x의 값이 변함에 따라 y의 값이 하나씩 정해지는 두 변수 x와 y 사이의 대응 관계를 '함수'라고 하는 거야. 이때 두 변수 x와 y 사이의 관계를 나타내는 x에 대한 식을 $f(x)$라 하면 이 함수를 $y=f(x)$로 나타낸단다.

따라서 박태환 선수가 연습하고 있는 수영장에 채워진 물의 높이 y는 받는 시간 x의 함수이고, 이를 함수 $f(x)=10x$ 또는 $y=10x$로 나타낼 수 있어.

정비례 관계와 반비례 관계는 모두 함수의 좋은 예란다. $y=10x$는 정비례 관계인 거 알고 있니? 정비례 함수는 x의 값이 2배, 3배, …가 될 때 y의 값 역시 2배, 3배, …가 된단다.

일반적으로 두 변수 x, y 사이가 정비례 관계 $y=ax(a\neq0)$이면, x의 값이 하나 정해질 때 그에 따라 y의 값이 오직 하나씩 대응해. 따라서 y는 x의 함수겠지?

● 함수를 어떻게 표현할까?

민정이는 양로원에서 친구들과 함께 자원봉사를 하기로 했어. 모두 36명이 x명씩 조를 짜되, 봉사할 곳을 고려해서 조의 수 y는 3 이상이지만 12

이하가 되도록 제한하기로 했단다. 이때 x와 y 사이의 관계는 어떻게 표현될까? 잘 생각해 보렴.

x명씩 y조이고 모두 36명이니까 $xy=36$이잖니?

따라서 $y=\dfrac{36}{x}$ 이고 $y=f(x)$일때, $f(x)=\dfrac{36}{x}$ 이 되겠지?

여기서 너희들이 꼭 알아야 할 용어가 있어. '정의역'과 '공역'이라는 거야. 선생님이 설명해 줄게. 잘 보렴. 변수 x가 속한 집합을 이 함수의 '정의역'이라 하고, 변수 y가 속한 집합을 이 함수의 '공역'이라고 해. 함수의 공역과 정의역은 별도의 언급이 없으면 수 전체의 집합으로 생각하는 거란다.

그런데 이 문제에서는 공역이 주어져 있잖니? 공역 y는 3 이상 12 이하인 자연수야. 그럼 정의역은? x는 36의 약수로 3 이상 12 이하의 자연수가 되는 거란다. 따라서 정의역은 {3, 4, 6, 9, 12}가 되겠지?

그럼, x가 3일 때 y의 값을 구해 볼까?

$y=f(x)$이고 $f(x)=\dfrac{36}{x}$ 이니까 x에 3을 대입하면 $f(3)=\dfrac{36}{3}=12$가 되잖니? 이 값을 $x=3$에 대한 '함숫값'이라고 한단다.

마찬가지로 $x=4$에 대한 함숫값 $f(4)=\dfrac{36}{4}=9$

$x=6$에 대한 함숫값 $f(6)=\dfrac{36}{6}=6$

$x=9$에 대한 함숫값 $f(9)=\dfrac{36}{9}=4$

$x=12$에 대한 함숫값 $f(12)=\dfrac{36}{12}=3$

이때 함숫값 전체의 집합 {3, 4, 6, 9, 12}를 이 함수의 '치역'이라고 해.

따라서 치역은 항상 공역의 부분집합이 된단다. 이 문

제처럼 x와 y 사이에 0이 아닌 일정한 수 a에 대하여 $y=\dfrac{a}{x}$인 관계식이 성립하는 함수를 '반비례 함수'라 한다는 거 알고 있지? 반비례 함수는 x의 값이 2배, 3배, 4배, …가 될 때 y의 값은 $\dfrac{1}{2}$배, $\dfrac{1}{3}$배, $\dfrac{1}{4}$배, …가 된단다.

● 오목으로 순서쌍과 좌표를!

너희 오목 두어 본 적 있니? 선생님이 어렸을 때는 놀 거리가 그다지 많지 않아서, 오목이나 장기를 두며 놀곤 했단다. 오목이 뭐냐고? 오목은 두 사람이 흰 돌과 검은 돌을 가지고 한 개씩 번갈아 놓다가 상하 또는 좌우, 또는 대각선 방향으로 '연달아 5개의 돌을 누가 먼저 놓는가.'로 승패를 가르는 게임이야. 아래의 오목판을 잘 보렴.

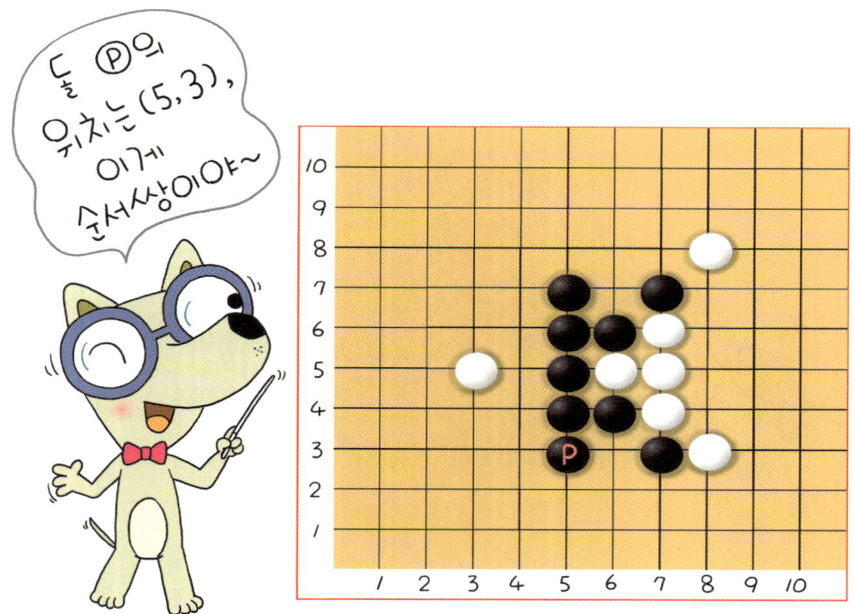

평면 위에 한 점을 나타내려면 가로 방향과 세로 방향의 위치를 나타내는 두 개의 수가 필요하잖니? 예를 들어 볼까? 돌 P의 위치를 (가로의 위치, 세로의 위치)로 나타내면 (5, 3)이야. 이와 같이 두 수의 순서를 정하여 쌍으로 나타낸 것을 '순서쌍'이라 한단다. 그럼 (5, 3)과 (3, 5)는 같은 걸까, 다른 걸까?

순서쌍은 순서를 정하여 나타낸 것이기 때문에 둘은 서로 다른 거란다. 혼동하면 안 돼.

그럼 이제 평면 위의 점의 좌표에 대해 공부해 보자꾸나.

좌표평면

좌표로 점을 나타낼 수 있게 만든 평면을 말해.
① 가로의 수직선을 x축, 세로의 수직선을 y축이라 해.
② x축, y축을 통틀어서 좌표축이라 하지.
③ x축, y축이 서로 만나는 점을 원점이라고 해.

좌표의 표시 방법

점 P에서 x축, y축에 내린 수선(일정한 직선이나 평면과 직각을 이루는 직선)이 x축, y축과 만나는 점을 나타내는 수가 각각 a, b라고 할 때, 순서쌍 (a, b)를 점

P의 '좌표'라 하고, 기호로 P(a, b)로 나타낸단다.

사분면

좌표평면은 좌표축에 의하여 네 부분으로 나뉜단다. 이때 각각을 아래 그림과 같이 '제1사분면, 제2사분면, 제3사분면, 제4사분면'이라고 해.

① 좌표축 위의 점은 어느 사분면에도 속하지 않는단다. 주의해야 해.
② 각 사분면에 존재하는 점의 x좌표, y좌표의 부호는 아래 그림과 같단다.

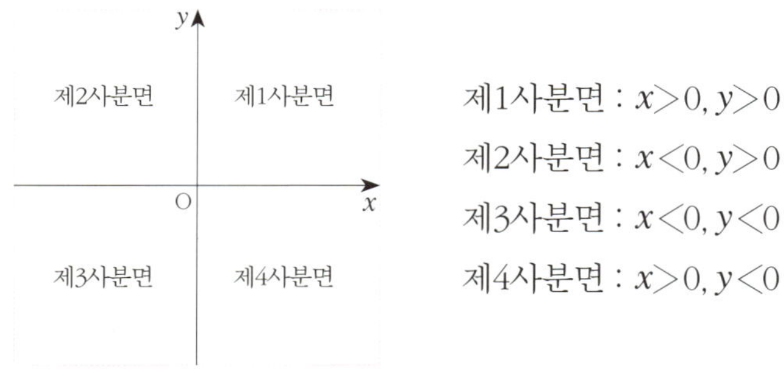

제1사분면 : $x>0, y>0$
제2사분면 : $x<0, y>0$
제3사분면 : $x<0, y<0$
제4사분면 : $x>0, y<0$

● 정비례 함수의 그래프는 어떻게 그릴까?

함수 $y=f(x)$에 대하여 x의 값에 대한 함숫값 y의 순서쌍 (x, y)를 좌표로 갖는 모든 점을 좌표평면 위에 나타낸 것을

그 '함수의 그래프'라고 해.

그럼, 함수 $y=ax \, (a \neq 0)$의 그래프를 그려 볼까?

예를 들어, 함수 $y=-2x$의 그래프를 그려 보자꾸나. 그리기 전에 생각할 것이 있어. '함수의 정의역이 주어지지 않는 경우에는 정의역을 수 전체의 집합으로 본다.'는 사실 잊지 않았겠지?

함수 $y=-2x$에서 x의 각 값에 대한 y의 값을 나타내면 다음 표와 같아.

x	…	-2	…	-1	…	0	…	1	…	2	…
y	…	4	…	2	…	0	…	-2	…	-4	…

위의 표에서 x, y의 값의 순서쌍 $(-2, 4)$, $(-1, 2)$, $(0, 0)$, $(1, -2)$, $(2, -4)$를 좌표로 하는 점을 좌표평면 위에 나타내면 아래 그림의 점이 되는 거야. 정의역이 수 전체의 집합이니까 이 점들을 이으면 $y=-2x$의 그래프를 얻게 된단다.

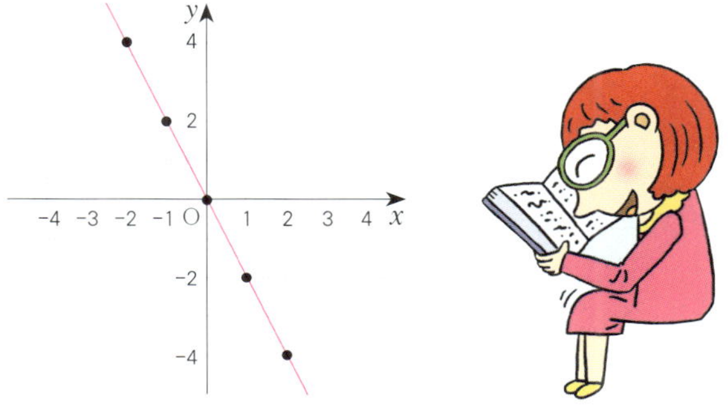

그런데 서로 다른 두 점을 지나는 직선은 오직 하나이기 때문에 $y=-2x$와 같은 직선을 그리기 위해서는 두 점만 찾아서 이으면 돼. 원점과 그래프

가 지나는 또 다른 한 점을 알면 이 함수의 그래프를 쉽게 그릴 수 있단다.

함수 $y=ax\,(a\neq0)$의 그래프는 다음과 같은 성질을 가지고 있어. 잘 보고 외워 두렴.

함수 $y=ax\,(a\neq0)$의 그래프

함수 $y=ax$의 그래프는 원점을 지나는 직선이다.

① $a>0$일 때

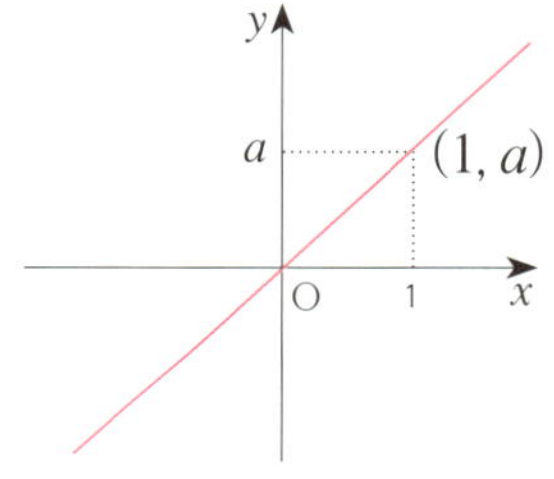

제1, 제3사분면을 지난다.

② $a<0$일 때

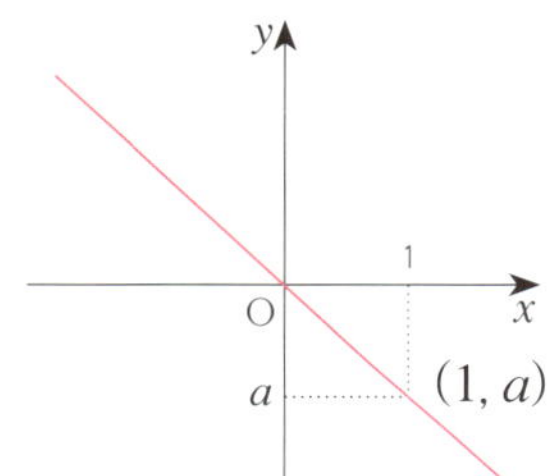

제2, 제4사분면을 지난다.

● 반비례 함수의 그래프는?

함수 $y=\dfrac{a}{x}\,(a\neq0)$의 그래프는 어떻게 그리면 될까? 함수 $y=ax\,(a\neq0)$의 그래프처럼 점 2개만 찾으면 될까?

아니란다. 두 점을 지나는 직선은 오직 하나이지만 쌍곡선은 여러 개이거든. 실제로 그림을 그려 보면서 확인해 보자꾸나.

평면 위에 다음과 같은 두 점이 있다고 가정해 보자.

그 두 점을 지나는 직선을 그려 보면 주어진 두 점을 지나는 직선은 단

하나뿐임을 알 수 있지?

하지만 이 두 점을 지나는 곡선을 그려 보면 아래의 그림처럼 무수히 많은 곡선이 그려진다는 것을 알 수 있단다. 따라서 $y = \dfrac{a}{x}$의 그래프를 그리기 위해서는 두 점보다는 더 많은 점을 필요로 한다는 것을 알 수 있겠지?

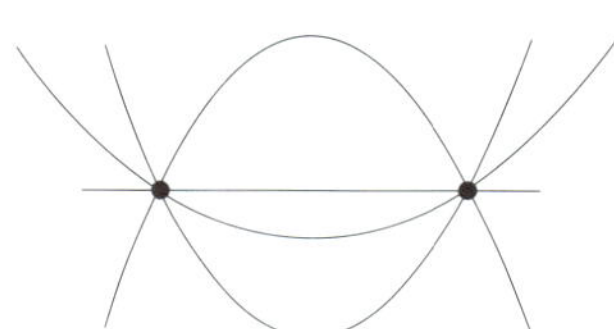

자, 그럼 $y = \dfrac{a}{x}$의 그래프를 그리기 위해 다음과 같은 작업을 해보자꾸나. 넓이가 12인 직사각형을 가로 x, 세로 y의 길이를 달리하여 여러 가지로 만들어 보면 다음 표와 같아.

x	1	2	3	4	6	12
y	12	6	4	3	2	1

이 직사각형들을 한꺼번에 그려 보면 다음과 같아.

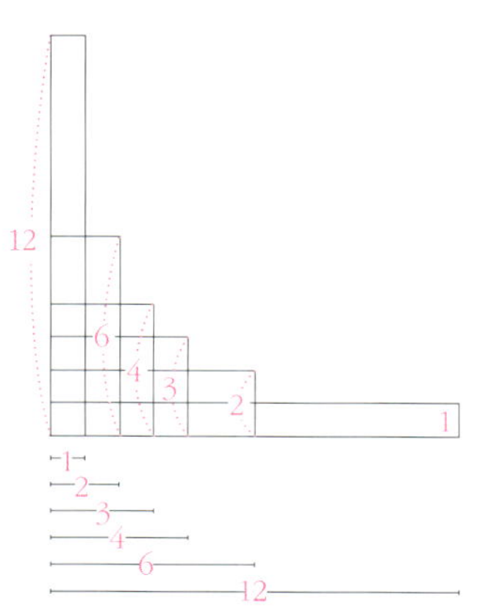

이것을 좌표평면에 그대로 옮기고 원점과 대각선상에 있는 각 점들을 매끄럽게 이어 보면 다음과 같아.

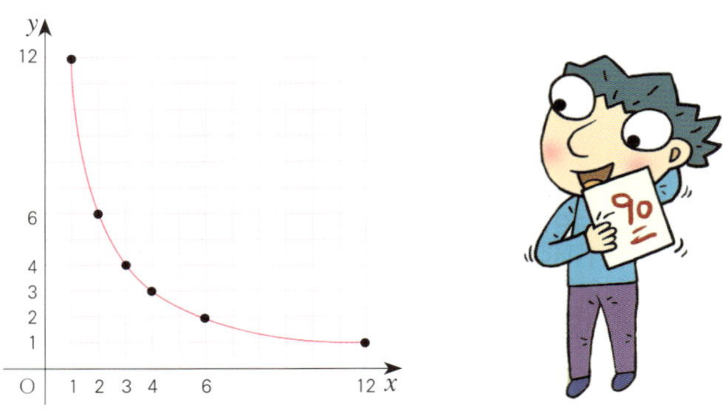

따라서 $y = \dfrac{12}{x}$ 의 그래프는 아래처럼 그려지지.

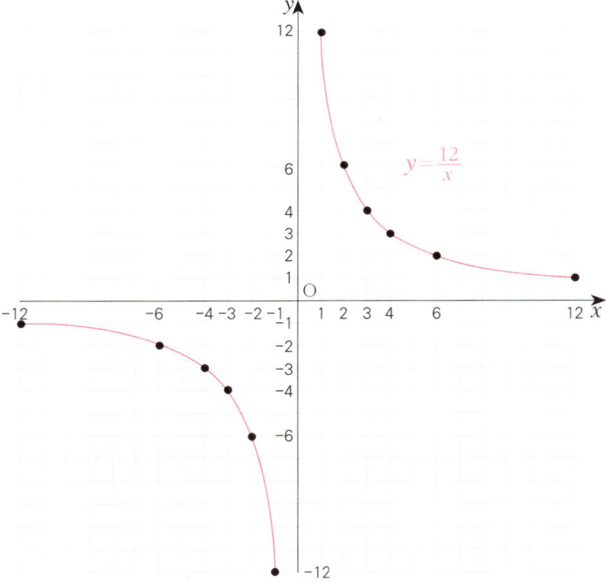

이때 x의 값이 음수이면 y의 값도 음수가 되니까 x가 음수일 때의 그래프는 제3사분면에 위치하게 된단다.

148

함수 $y=\dfrac{a}{x}(a\neq0)$ 의 그래프

함수 $y=\dfrac{a}{x}$ 의 그래프는 한 쌍의 곡선이다.

① $a>0$ 일 때

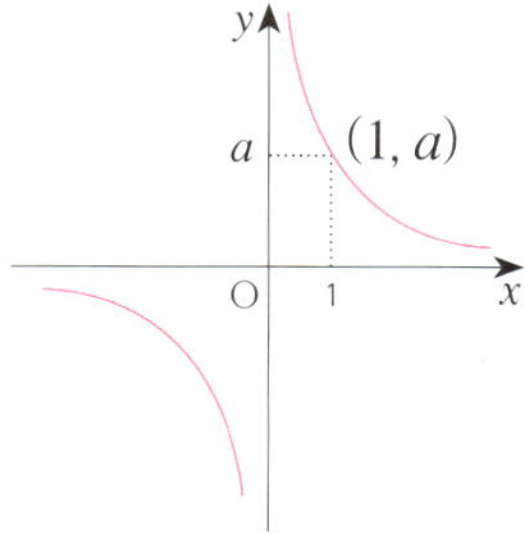

제1, 제3사분면을 지난다.

② $a<0$ 일 때

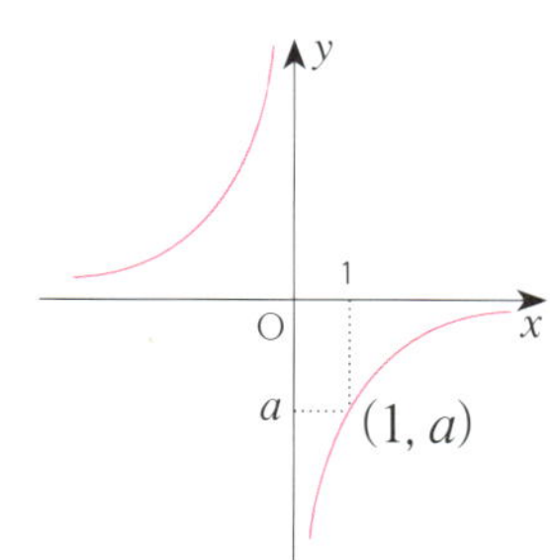

제2, 제4사분면을 지난다.

넓이가 30cm²인 직사각형의 가로의 길이는 $x$cm, 세로의 길이는 $y$cm인데요. 여기서 y가 x에 정비례하지 않나요?

먼저 식을 세워 보자꾸나.
직사각형의 넓이는 (가로)×(세로)이니까, 이것을 식으로 나타내면 $xy=30$이야. 따라서 $y=\dfrac{30}{x}$이고.
이건 반비례 함수의 식이잖니?
그러니까 y는 x에 반비례하지.

정의역이 X$=\{x\,|\,3\leq x\leq 6\}$인 함수 $y=-2x+1$의 치역을 구하면 $\{-5, -7, -9, -11\}$ 아닌가요?

너희들이 아직도 수의 범위를 자연수로 생각하고 있구나. 주어진 정의역은 3 이상 6 이하의 수 전체를 말하는 거야. 따라서 치역은 $\{y\,|\,-11\leq y\leq -5\}$가 되는 거란다. 간혹 $\{y\,|\,-5\leq y\leq -11\}$로 쓰는 친구들이 있는데 이건 잘못된 거야.
-11이 -5보다 작은 수이잖니? 이해를 돕기 위해 그림으로 그려 줄 테니 잘 보렴.

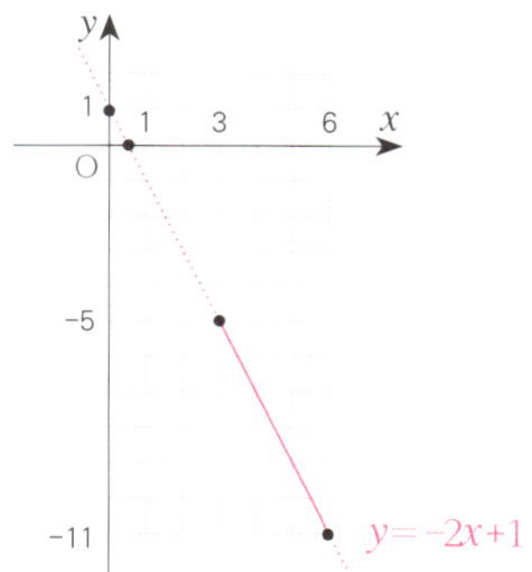

그렇게 혼동하는 친구들이 꽤 있단다. x의 값이
커지면 y의 값도 커지는 함수를 '증가함수'라고 해.
하지만 함수 $y=ax(a\neq0)$는 $a>0$일 때에는
증가함수이지만, $a<0$일 때에는 감소함수이잖니?
그러니까 $y=ax(a\neq0)$를 증가함수
라고 하는 것은 틀린 거야.

일차함수는 직선이다!

첫걸음 떼기

우리는 매일 함수를 푼다! 그만큼 우리 주변에서 함수의 식으로 나타낼 수 있는 사례를 쉽게 찾을 수 있다는 말씀. 변화하는 두 양 사이의 관계식을 알면 미래를 예측하는 데 많은 도움이 되겠지? 따라서 함수는 자연과학이나 공학 그리고 경제학, 스포츠 등에서 많이 사용되고 있단다.

$$y = -0.85x + 187$$

일차함수임에는 틀림없는데, 이 함수가 뜻하는 것은 뭘까?

이건 1분당 심장 박동수를 나타낸 함수야. 다시 말해, 나이가 x살인 사람이 어떤 운동을 할 때 1분당 심장 박동수를 y라 하면 이런 일차함수가 성립한다고 해.

산에 높이 오를수록 기온이 내려간다는 사실, 기억하니? 기온은 지면에서 수직으로 1km씩 높아질 때마다 약 6℃씩 낮아진다고 해. 만약 지면의 기온이 20℃라면 지면으로부터 x km 상공의 기온 y℃는 $y = 20 - 6x$가 되겠지?

또한 공기 중에서 소리의 속력은 기온이 0℃일 때 331 m/초이고, 기온이 1℃ 올라갈 때마다 0.6 m/초씩 증가한다고 해. 기온이 x℃일 때의 소리의 속력을 y m/초라 하면, $y=0.6x+331$이 된단다.

게다가 일정한 속력으로 달리는 자동차의 거리와 시간 사이의 관계, 양초의 길이와 시간 사이의 관계 등은 모두 일차함수의 좋은 예가 돼.

이처럼 두 양 사이의 관계가 일차식으로 나타나는 함수를 알아보는 것이 이 단원에서 공부할 내용이야. 어때, 재미있겠지?

공룡의 크기를 추측하는 중요한 단서는 바로 공룡의 뼈에 있어. 고생물학자들은 공룡 뼈의 일부분으로도 공룡의 크기를 추측할 수 있다고 하는구나. 마찬가지로 법의학자들은 특정한 뼈의 길이를 이용해서 사람의 키를 추측할 수 있다고 해.

만약 정강이뼈의 길이가 $x$cm인 사람의 키를 $y$cm라 하면 다음과 같은 식이 성립한단다.

남자의 키 : $y=2.39x+81.68$

여자의 키 : $y=2.53x+72.57$

놀라운 사실이지? 정강이뼈의 길이를 이용하면 사람의 키를 쉽게 구할 수 있다, 이 말씀!

수학 용어는 외국말을 번역한 것이 많은데, 남북한은 수학 용어가 크게 다르단다. 기초과학 부문이 튼튼한 것으로 알려진 북한에서도 수학은 필

수과목이야. 따라서 세계적인 수준에 맞춰 가르치지만 용어는 한자나 영어를 안 쓰고, 최대한 우리말을 살려 쓴다고 하는구나. 함수와 관련된 용어를 정리한 표를 잘 보렴. 왠지 수학이 정감 있어지지 않니?

남한	북한	남한	북한
정의역	뜻구역	증가함수	느는 함수
치역	값구역	감소함수	주는 함수
원점	자리표 처음표	수직선	드림선
기울기	변화비	좌표	자리표
최댓값	가장 큰 값	좌표평면	자리표 평면
최솟값	가장 작은 값	x 좌표	가로자리표
반비례 관계	거꿀비례 관계	y 좌표	세로자리표

일차함수로 그래프를 그려 봐!

수학의 달인 수학을 잘하려면 나만의 비밀 노트를 만들길! 수학을 공부하면서 중요한 부분이나 틀리기 쉬운 부분, 또는 꼭 암기해야 할 부분 등을 요약해 놓으면 나중에 중간, 기말 고사나 각종 평가에 대비하기 쉽단다. 시험 범위를 처음부터 끝까지 공부하려면 시간도 많이 걸리잖니? 또 내가 어느 부분이 강하고 약한지를 알기 쉽게 평소에 체크해 놓으면 시험 공부하는 시간을 훨씬 단축할 수 있어 효과적이란다.

● 일차함수와 남은 초의 길이

케이크의 촛불이 타는 시간과 남은 초의 길이 사이에 어떤 관계식이 성립할지 궁금하지 않니? 만약 길이가 110 mm인 초가 1분에 10 mm씩 탄다면 다음과 같은 결과가 나온단다.

1분 동안 타고 남은 초의 길이는 $110 - 10 \times 1$ (mm)

2분 동안 타고 남은 초의 길이는 $110 - 10 \times 2$ (mm)

3분 동안 타고 남은 초의 길이는 $110 - 10 \times 3$ (mm)

그럼, x분 동안 타고 남은 초의 길이 y는 $110 - 10 \times x$(mm)이니까 $y = 110 - 10x$라는 식이 성립하겠지? 이것이 바로 일차함수란다.

일반적으로 함수 $y = f(x)$에서 y가 x에 관한 일차식 $y = ax + b$(a, b는 상수, $a \neq 0$)의 꼴로 나타내어질 때, 이 함수 f를 일차함수라고 하는 거야.

● 일차함수의 그래프는 직선

예를 들어, 일차함수 $y = 2x + 1$을 살펴볼까?

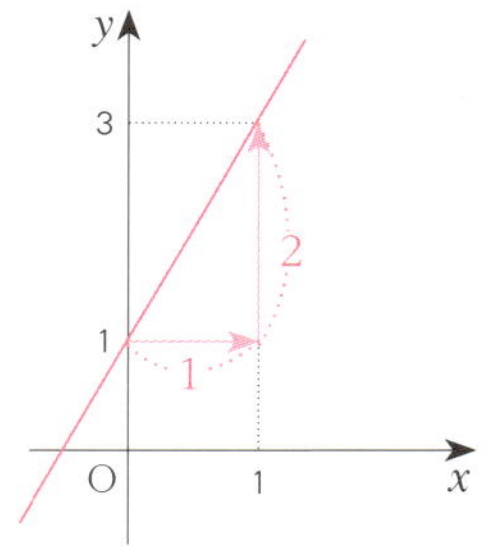

x의 계수 2를 이 함수의 '기울기'라고 하는데, 이것은 '$y=2x+1$ 위의 어느 두 점을 잡더라도 x의 값의 증가량에 대한 y의 값의 증가량의 비율은 항상 2로 일정하다.'는 뜻이란다.

기울기는 말 그대로 '일차함수의 그래프가 x축에 대하여 얼마만큼 기울어져 있는지'를 나타내는 수치이거든.

그리고 상수항 1을 'y절편'이라 하는데, 이것은 '일차함수의 그래프가 y축과 만나는 점의 y좌표'를 말하는 거란다. 따라서 y절편은 '$x=0$일 때의 y값'이야.

일차함수의 그래프를 그릴 때에는 x절편과 y절편을 이용해서 그리는 것이 가장 쉽고 편리해. 선생님과 함께 일차함수 $y=2x+1$의 그래프를 그려 보자꾸나.

x절편 구하기

$y=2x+1$에서 $y=0$을 대입하여 x절편을 구하면

$0=2x+1$, 따라서 $x=-\dfrac{1}{2}$

y절편 구하기

$y=2x+1$에서 $x=0$을 대입하여 y절편을 구하면

$y=1$

따라서 두 점 $\left(-\dfrac{1}{2},0\right)$, $(0, 1)$을 이어 주면 오른쪽과 같은 직선이 그려진단다.

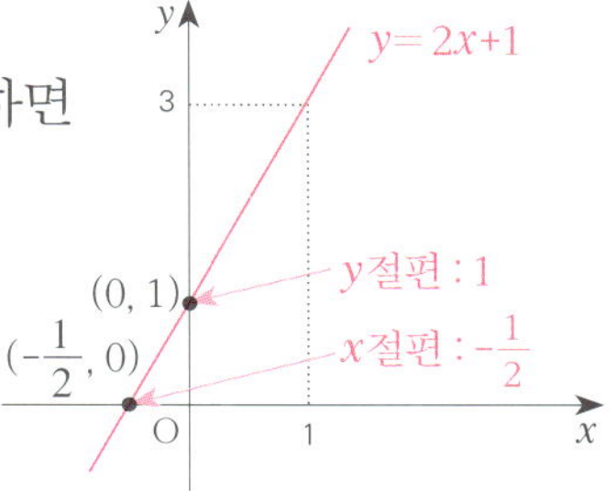

일차함수 $y=2x+1$과 일차방정식 $2x+1=0$은 서로 어떤 관계일까?

일차함수 $y=2x+1$은 '직선 $y=2x+1$ 위에 있는 모든 점들'을 나타내지만 일차방정식 $2x+1=0$은 '일차함수 $y=2x+1$에서 y가 0인 한순간'만을 나타낸단다.

함수와 방정식은 따로따로인 것 같지만 알고 보면 서로 밀접한 관계가 있다는 사실, 놀랍지 않니? 수학은 각 단원이 서로 연관되어 있는 경우가 많아서 어려운 학문이란다. 그래서 어느 한 부분도 포기하면 안 된단다.

그럼 이번에는 일차함수 $y=2x+1$과 일차방정식 $2x-y+1=0$을 살펴볼까?

미지수가 2개인 일차방정식 $2x-y+1=0$을 변형해 보면 일차함수 $y=2x+1$과 일치하는 것을 알 수 있잖니? 일반적으로 미지수가 2개인 일차방정식 $ax+by+c=0\,(a\neq0,\,b\neq0)$의 그래프는 일차함수 $y=-\dfrac{a}{b}x-\dfrac{c}{b}\,(a\neq0,\,b\neq0)$의 그래프와 같아.

연립방정식 $\begin{cases} x-y=1 \\ 2x+y=5 \end{cases}$ 의 해 구하는 법, 잊지 않았겠지? 가감법이나 대입법 또는 등치법 중 하나로 풀면 되잖

아. 해를 구하면 $x=2$, $y=1$이 되는데, 이것은 아래 그림에서 보면 두 그래프의 교점 (2, 1)의 좌표와 동일하단다.

따라서 (연립방정식의 해)＝(두 그래프의 교점의 좌표)라는 사실, 꼭 기억하도록!

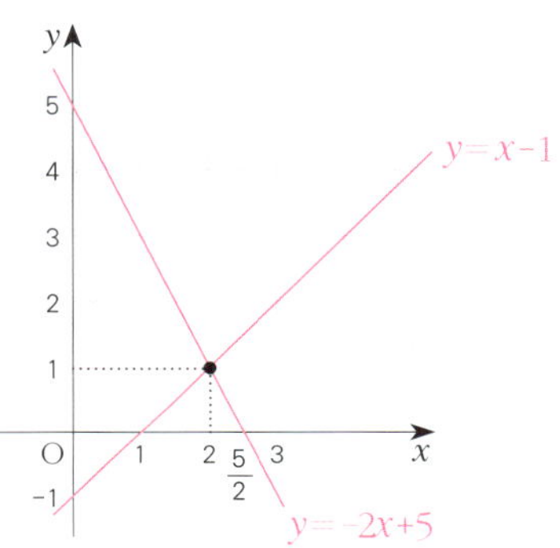

● 일차함수의 그래프를 그리는 방법

일차함수의 그래프를 그리는 방법에는 여러 가지가 있단다. 선생님과 함께 일차함수 $y=2x+3$의 그래프를 그려 보자꾸나.

평행이동을 이용하여 그리기

일차함수 $y=2x+3$의 그래프는 $y=2x$의 그래프를 그려서, y축 방향으로 3만큼 평행이동하면 된단다. 쉽지 않니?

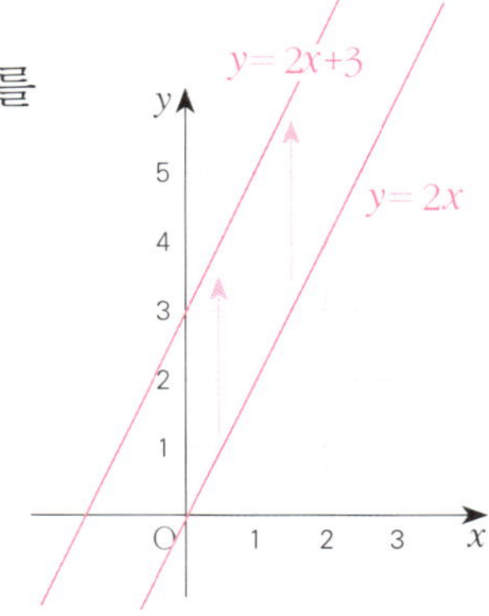

일차함수 $y=2x+3$의 그래프는 y절편이 3이니까 (0, 3)을 지나잖니? 그런데 기울기가 2이잖아. $2=\dfrac{2}{1}$, 즉 x의 값이 1만큼 증가할 때, y의 값이 2만큼 증가하도록 직선을 그리면 되는 거야.

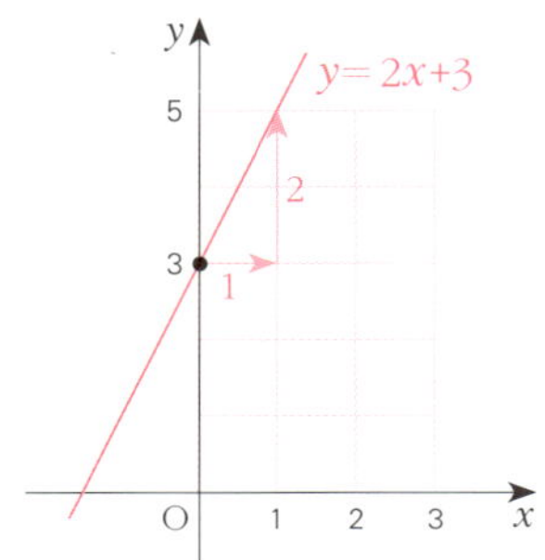

기울기와 한 점을 이용하여 그리기

일차함수 $y=2x+3$의 그래프는 한 점 $(-1, 1)$을 지나잖아? 그런데 기울기가 $2=\dfrac{2}{1}$이니까 $(-1, 1)$에서 시작해서 x의 값이 1만큼 증가할 때, y의 값이 2만큼 증가하도록 직선을 그리면 되는 거야. 한 점은 $(-1, 1)$뿐만 아니라 어떤 점을 잡아도 되는 거란다. 선생님이 임의로 한 점을 $(-1, 1)$로 잡았을 뿐이야.

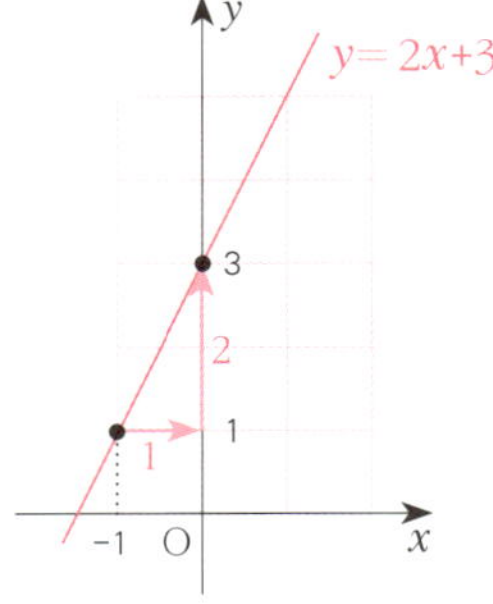

두 점을 이용하여 그리기

일차함수 $y=2x+3$의 그래프는 $(0, 3)$, $(1, 5)$, …을 지나잖니?

많은 점들 중에서 두 개의 점을 찾아 이으면 간단히 해결되는 거야.

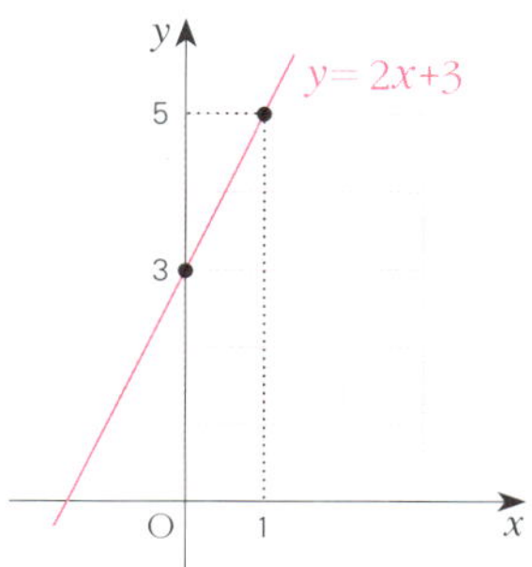

x절편과 y절편을 이용해서 그리기

일차함수의 그래프를 그릴 때, 가장 편리한 방법이야.

일차함수 $y=2x+3$의 그래프는 x절편($y=0$일 때 x의 값)

이 $-\dfrac{3}{2}$이고, y절편($x=0$일 때 y의 값)은 3이잖니? 따라서

두 점 $\left(-\dfrac{3}{2},\ 0\right)$과 $(0, 3)$을 이으면 간단히 그릴 수 있지.

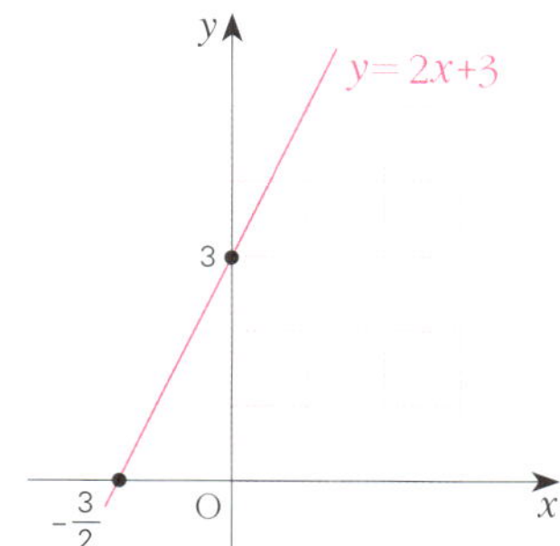

 - - - - - - 

두 점 A(-2, 5), B(2, -1)을 지나는 직선의 기울기를 구할 때 저는 다음과 같이 풀었는데 어디가 틀린 건가요?

$$\text{기울기} = \frac{5-(-1)}{2-(-2)} = \frac{6}{4} = \frac{3}{2}$$

x값의 증가량을 구할 때 B점에서 A점의 x값을 뺐으면, y값의 증가량을 구할 때에도 B점에서 A점의 y값을 빼야 하는 거야. 학생들이 틀리기 쉬운 부분이지.

$$\text{기울기} = \frac{-1-5}{2-(-2)} = \frac{-6}{4} = -\frac{3}{2}$$

이렇게 해야 맞는 거란다. 이제 알겠니?

민정이는 2,500원을 가지고 문구점에 가서 1개에 500원 하는 볼펜을 x개 샀다. 지불해야 할 금액을 y원이라 할 때, x와 y 사이의 관계식을 구하고, 그 그래프를 구하여라.

저는 이 문제를 아래와 같이 풀었는데 어디가 틀린 거죠? 먼저 x와 y 사이의 관계식을 구하면 $y=500x$이니까 그래프로 그리면 다음처럼 나와요.

x와 y 사이의 관계식 $y=500x$는 잘 구했어. 그런데 그래프가 틀렸구나. 가진 돈이 2,500원이니까 이 함수의 정의역은 {1, 2, 3, 4, 5}이고, 치역은 {500, 1000, 1500, 2000, 2500}이란다. 따라서 그래프는 다음과 같이 그려야 하는 거란다.

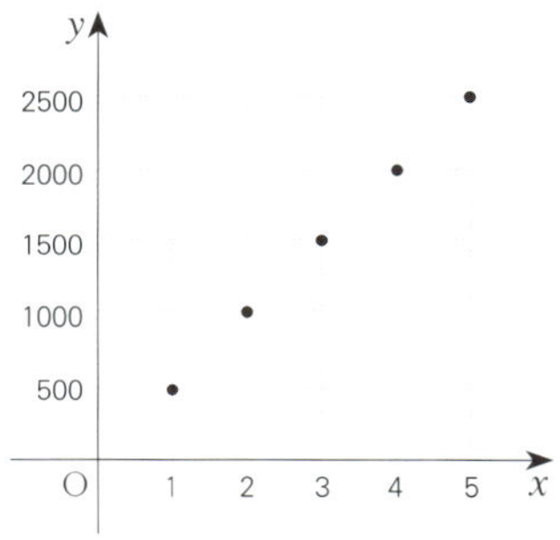

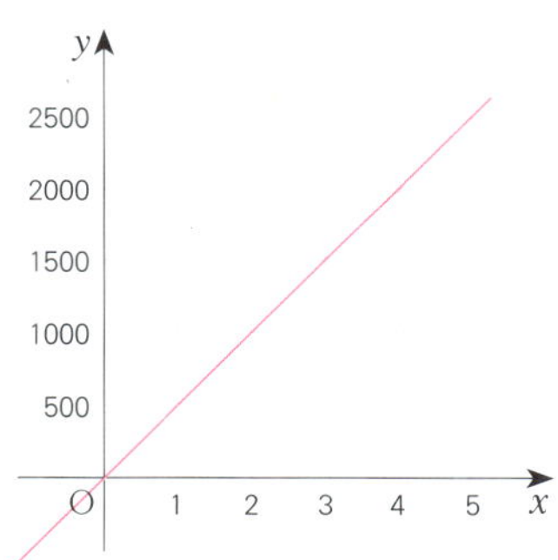

이차함수는 포물선이다!

첫걸음 떼기

함수는 '변화의 언어'라 부르기도 해. 21세기에 와서는 스포츠가 함수의 이런 특징을 더욱 잘 분석하고 활용하고 있단다. 그래야 더 좋은 성적을 낼 수 있거든. 수영에서 박태환 선수가 입은 수영복은 영국의 한 스포츠 브랜드가 공간 저항 테스트 부분에서 최고 권위를 자랑하는 미 항공우주국(NASA)과 연계해 만들었다고 해. 수영복 표면 원단에 60가지 이상의 조건을 테스트해 수영복 제작에 활용했다는구나.

함수가 수학에 도입된 배경은 무엇일까?

함수 개념이 학교 수학에 도입된 것은 20세기 초, 독일에서 클라인(F. Klein : 1849~1925)이 수학 교육 개혁을 주창한 이후야. 그 당시 독일에서는 클라인이 함수적 사고 교육의 중요성을 강조하며 개혁을 일으켰단다. 그는 일상생활에서 함수적으로 생각하는 습관을 들이는 것이 매우 중요하다며, 함수 개념이 수학 수업에 스며들어 학생들에게 살아 있는 자산이 되도록 지도해야 한다고 주장하였지. 함수 개념은 여러 가지 물리적, 사회적, 정신적 세계, 특히 수학적 세계에서 일어나는 변화 현상을 설명하기 위한 도구로 도입되었던 거야.

현재 학교 수학에서 함수가 차지하는 비중은 높은 편이지.

선생님은 그래프를 통한 함수의 시각적 측면을 좀 더 강조하고 싶단다. 학생들은 함수를 무척 어려워하거든. 일상생활에서 두 양 사이에 일정한 관계를 가지면서 변하는 현상들을 많이 볼 수 있는데, 가격 변화, 거리 변화, 온도 변화 등 다양한 변화 현상 가운데에서 성립하는 규칙을 발견하고, 이를 식이나 표, 그래프 등으로 정리하고 표현하는 경험을 하도록 노력해야 한단다. 그런 노력 끝에 우리는 어떤 현상에 대해 앞으로 어떤 결과가 나타날지를 예측할 수 있는 능력을 기르게 될 거야.

너희들 100m 달리기를 할 때 골인 지점에서 바로 멈추지 못하고 한참 앞에까지 가서야 멈추는 경험을 해본 적 있지? 마찬가지로 달리고 있는 자동차의 브레이크를 밟으면 자동차의 속력이 점점 감소하면서 얼마 후 정지하잖니? 자동차의 제동 거리란 '브레이크를 밟는 순간부터 차가 정지할 때까지의 거리'를 말하는 거야.

그럼 빠른 속력으로 달릴수록 제동 거리가 길다는 것쯤은 생각할 수 있겠지? 그래서 고속도로에서는 안전거리를 반드시 지켜야 한단다.

일반적으로 질량이 일정한 자동차의 제동 거리는 속력의 제곱에 정비례한다고 알려져 있어. 다음의 경우를 보렴.

시속 32km로 달리는 자동차의 경우 제동 거리는 6m … ㉠

시속 64km로 달리는 자동차의 경우 제동 거리는 24m … ㉡

시속 96km로 달리는 자동차의 경우 제동 거리는 54m … ㉢

$\vdots$

이것을 식으로 나타내 볼까?

제동거리(S)는 속력(v)의 제곱에 정비례하니까 비례상

수 a를 써서 표현하면, $S=av^2$이 되겠지?

㉠에서 a를 구해 보면 $6=a\times32^2$

따라서 $a=\dfrac{6}{32^2}$

결국 제동 거리를 구하는 식은 다음과 같단다.

$$S=\frac{6}{32^2}\times v^2$$

㉠과 ㉡을 비교해 보면, 속력이 32km/h에서 64km/h로 2배가 될 때 제동 거리가 6m에서 24m로 4(=2^2)배가 됨을 알 수 있단다.

마찬가지로 ㉠과 ㉢을 비교해 보면, 속력이 32km/h에서 96km/h로 3배가 될 때, 제동 거리가 6m에서 54m로 9(=3^2)배가 됨을 알 수 있지.

불꽃놀이와 이차함수

2008년 베이징 올림픽 개막식의 마지막을 화려하게 수놓은 불꽃놀이 장면이 사실은 미리 제작된 3차원 입체 애니메이션 화면이었다고 하는 사실, 알고 있니?

8월 8일, 텔레비전 화면과 올림픽 주경기장인 냐오차오의 전광판을 통해 방송된 화려한 불꽃놀이 장면 29개 중 냐오차오 상공에서 터진 마지막 하나를 제외한 28개는 특수효과를 동원해 1년여 동안 미리 제작된 것이었다고 해.

대부분의 사람들이 속았으니 계획이 성공한 셈이지. 아무튼 '중국 사람들의 창의력과 과학 기술이 빚어 낸 중대한 사건'임엔 틀림없는 것 같구나.

그런데 불꽃놀이를 할 때, 불꽃이 왜 포물선을 그리며 떨어지는지 궁금하지 않니? 그건 지구 표면에 중력이 작용하기 때문이야.

v m/s의 속력으로 던져 올린 물체의 t초 후의 높이 y는 다음과 같아.

$$y = -\frac{1}{2}gt^2 + vt = -4.9t^2 + vt \text{ (중력가속도 } g = 9.8 \text{ m/s}^2)$$

y는 t에 관한 이차함수란다. 이건 17세기 영국의 과학자인 뉴턴이 발견했다는구나. 그럼, 불꽃놀이 폭죽은 언제 땅에 떨어질까?

불꽃놀이 폭죽이 땅에 떨어진다는 것은 높이 y가 0이라는 얘기잖니? 따라서 이차방정식 $0 = -4.9t^2 + vt$를 풀면 구하는 시간 t가 나온단다. 물론 속력 v가 주어져야 하겠지.

이처럼 21세기는 수학과 과학, 그리고 인간의 풍부한 창의력 등이 함께 어우러져서 끝없이 발전해 나가고 있단다. 너희들의 상상력과 함께 말이야.

포물선을 그리는 이차함수

수학의 달인 너희들 뉴턴이나 아인슈타인을 알고 있니? 그들은 밤하늘에 반짝이는 아름다운 별과 우주를 보면서 어떤 오묘한 질서를 머릿속에서 연상하였다고 하는구나. 이렇게 연상된 이미지를 담아 두고 오랜 연구 끝에 여러 가지 위대한 발견을 하게 되었던 거야. 수학을 잘하려면 전체의 모습을 '이미지로 상상하는 능력'이 필요하단다.

● 기본 $y=ax^2$을 알면 이차함수가 보여요!

　이차함수를 공부하기 위해서는, 먼저 이차함수의 기본 형태인 $y=ax^2$의 그래프를 잘 알아야 해. $y=ax^2$의 그래프는 원점 O(0, 0)를 꼭짓점으로 하고, y축을 축으로 하는 포물선인데, $a>0$이면 아래로 볼록하고, $a<0$이면 위로 볼록한 포물선이 그려진단다.

　이차함수는 특히 기본 형태($y=ax^2$)를 잘 알아야만 해. 왜냐하면 이것이 평행이동하면서 다른 여러 가지 이차함수가 만들어지기 때문이야.

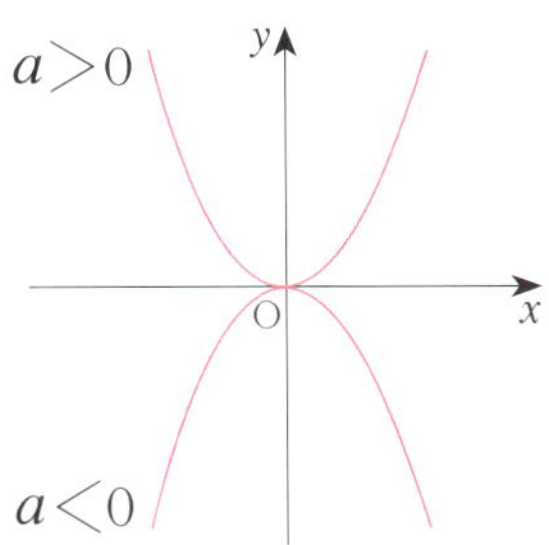

　이차함수의 그래프 중 몇 가지 예를 들어 줄게.

① $y=-\dfrac{2}{3}x^2$　　② $y=-x^2$　　③ $y=-2x^2$　　④ $y=\dfrac{1}{2}x^2$　　⑤ $y=3x^2$

　이 중에서 아래로 볼록한 것은 무엇일까?

　이차함수의 계수가 양수일 때 아래로 볼록하잖니? 그러니까 정답은 ④ $y=\dfrac{1}{2}x^2$, ⑤ $y=3x^2$이 되겠지?

그렇다면 위로 볼록한 것은 무엇일까?

이차함수의 계수가 음수일 때 위로 볼록하니까 정답은

① $y = -\dfrac{2}{3}x^2$, ② $y = -x^2$, ③ $y = -2x^2$이 된단다.

또 다른 문제! 그래프의 폭이 가장 넓은 것은 어느 것일까?

이차함수 $y = ax^2$의 그래프는 a의 절댓값이 작을수록 그래프의 폭이 넓어지고, 반대로 a의 절댓값이 클수록 그래프의 폭이 좁아짐을 알 수 있어. 따라서 폭이 가장 넓은 것은 ④ $y = \dfrac{1}{2}x^2$이란다. 폭이 가장 좁은 것은 ⑤ $y = 3x^2$이라는 사실, 눈치 챘니?

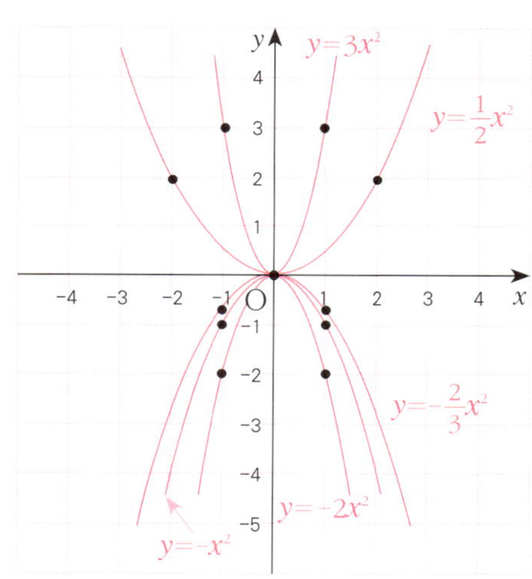

이차함수 $y = ax^2$의 그래프

① 원점을 꼭짓점으로 하고, y축을 축으로 하는 포물선이다.

② $a > 0$일 때, 아래로 볼록하며 최솟값을 갖고,

  $a < 0$일 때, 위로 볼록하며 최댓값을 갖는다.

③ a의 절댓값이 클수록 그래프의 폭이 좁아진다.

④ $y = -ax^2$의 그래프와 x축에 대하여 대칭이다.

이차함수 $y=ax^2$의 그래프를 그릴 줄 알면, 이차함수 $y=ax^2+bx+c$의 그래프는 쉽게 해결할 수 있어. 왜냐하면 $y=ax^2+bx+c$를 $y=a(x-p)^2+q$의 꼴로 바꿀 수 있는데, $y=a(x-p)^2+q$의 그래프는 $y=ax^2$의 그래프를 x축 방향으로 p만큼 y축 방향으로 q만큼 평행이동한 것이거든.

따라서 이차함수 $y=ax^2+bx+c$를 $y=a(x-p)^2+q$의 꼴로 바꾸는 것이 아주 중요한 셈이지. 잘 보렴.

예를 들어 $y=2x^2-4x+5$를 완전제곱식으로 바꾸려면, 먼저 최고차항의 계수 2로 묶어야 하는 거야. 그러면 $y=2x^2-4x+5=2(x^2-2x+2)+1$이 되겠지?

여기서 괄호 안을 완전제곱식으로 고치려면, $x^2-2x+1=(x-1)^2$임을 알아야 해. 이건 인수분해이잖니? 인수분해에 대한 충분한 연습이 필요한 이유를 이제 알겠지?

괄호 안을 $x^2-2x+1=(x-1)^2$으로 바꾸면 다음과 같이 나와.

$$2(x^2-2x+2)+1=2(x^2-2x+1+1)+1$$
$$=2(x^2-2x+1)+3$$
$$=2(x-1)^2+3$$

따라서 $y=2(x^2-2x+2)+1$이 $y=2(x-1)^2+3$으로 변형되었단다. 이 함수의 그래프는 $y=2x^2$의 그래프를 x축 방향으로 1만큼, y축 방향으로 3만큼 평행이동한 것이잖니? 따라서 꼭짓점은 $(1, 3)$이 되겠지?

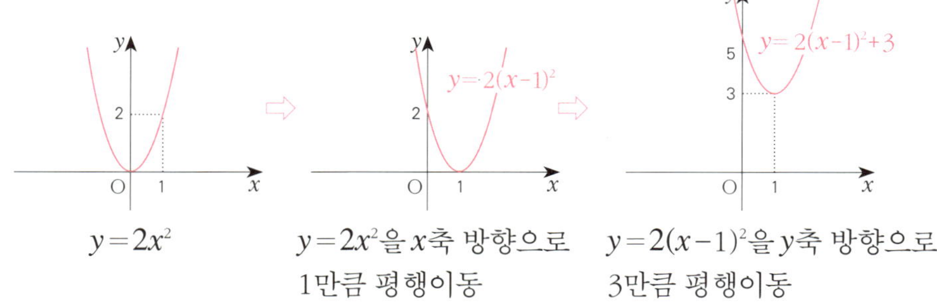

위의 그래프를 잘 살펴보면 $y=2x^2-4x+5$의 그래프는 $y=2x^2$의 그래프와 모양은 같고 위치만 다르다는 사실을 알 수 있단다.

이차함수 $y=ax^2+bx+c$의 그래프

① $y=a(x-p)^2+q$의 꼴로 변형하여 그릴 수 있다.

  이때 꼭짓점의 좌표는 (p, q)이다.

② y절편이 c이다. 즉 $(0, c)$를 지난다.

③ $a>0$이면 아래로 볼록하고, $a<0$이면 위로 볼록하다.

● 이차함수의 최댓값과 최솟값

이차함수의 최댓값과 최솟값은 아주 중요해. 왜냐하면 이차함수의 활용 문제의 대부분을 차지하거든. 먼저 최댓값과 최솟값의 의미를 알아야겠지?

'최댓값'은 정의역의 모든 원소에 대한 함숫값 중에서 가장 큰 값을 말해. 가장 작은 값은 '최솟값'이라고 한단다. 예를 들어 줄게, 잘 보렴.

$y = -3x^2 + 6x + 1$의 최댓값은 무엇일까? 이 식을 완전제곱식으로 변형해 보자.

$$y = -3x^2 + 6x + 1$$
$$= -3(x^2 - 2x + 1 - 1) + 1$$
$$= -3(x - 1)^2 + 4$$

꼭짓점의 좌표는 $(1, 4)$가 되지? 그래서 최댓값은 4가 되는 거야.

이번에는 $y = x^2 + 4x + 4$의 최솟값을 구해 볼까?

$y = x^2 + 4x + 4 = (x + 2)^2$으로 변형되어서, 꼭짓점의 좌표가 $(-2, 0)$이므로 최솟값은 0이 된단다.

최댓값과 최솟값은 모두 y값이야. 이 점을 주목해야 해. 최댓값과 최솟값을 구하는 것이 익숙해질 때까지 많은 연습을 해야 한다는 사실도 잊지 말렴!

이차함수 $y = ax^2 + bx + c$의 최댓값

$y = ax^2 + bx + c = a(x - p)^2 + q$에서 $a < 0$일 때, $x = p$에서 최댓값 q를 갖고, 최솟값은 없다.

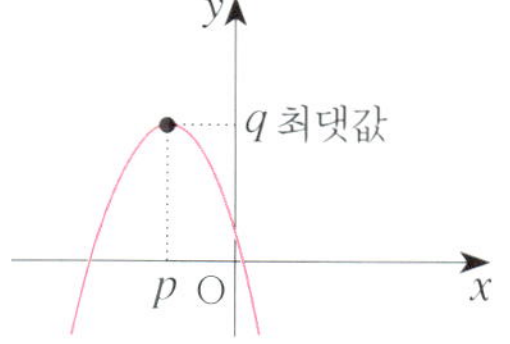

이차함수 $y = ax^2 + bx + c$의 최솟값

$y = ax^2 + bx + c = a(x - p)^2 + q$에서 $a > 0$일 때, $x = p$에서 최솟값 q를 갖고, 최댓값은 없다.

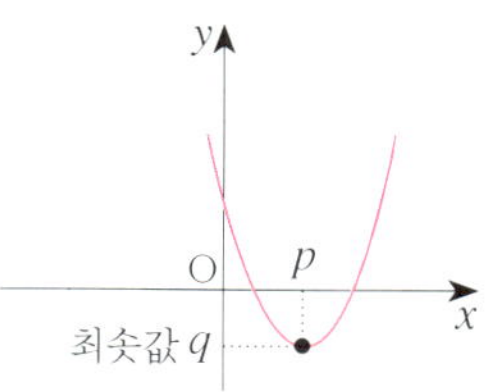

이차함수의 활용 문제를 풀 때에는 다음 순서에 따라
풀면 된단다.

① 문제를 이해한다

문장으로 제시된 문제를 잘 읽고, 변수 사이의 관계를 분명히 파악해야
해. 이차함수의 활용 문제는 식으로 주어지지 않고, 문장으로 주어지는 경
우가 대부분이야. 문제를 잘 읽으면서 변수 사이에 어떤 관계가 성립할지
파악해야 되는 거란다.

② 식을 세운다

조건에 따라 두 변수 x, y를 정하고, x와 y 사이의 관계식을 세워야 해.

③ 식을 푼다

식을 풀고, 그래프 등을 이용하여 답을 구하면 돼.

④ 검산한다

구한 값이 문제의 조건에 맞는지 확인해야지.

활용 문제에서는 구한 값 중에서 문제의 조건에 맞지 않는 것은 삭제하
고 조건에 맞는 것만 답으로 해야 한단다. 그래서 검산이 꼭 필요해. 예를
들어, 이차방정식을 풀었더니 $x=-2$ 또는 $x=3$이 나왔다고 하자. 그런데
x가 직사각형의 한 변의 길이였다면 반드시 양수여야 하잖아. 그래서 -2
는 지우고 3을 정답으로 택해야 되는 거야.

너희들 문제 풀고 나서 검산 잘 안 하지? 활용 문제에서는 검산을 하지
않으면 낭패를 볼 수 있다는 사실, 꼭 기억하럼.

● 이차함수, 이차방정식, 이차부등식의 관계는?

이차함수, 이차방정식, 이차부등식. 얼핏 생각하면 이 세 가지가 모두 완전히 다른 것처럼 느껴질 수 있지만, 알고 보면 서로 밀접하게 연관되어 있다는 것을 알 수 있단다. 선생님이 예를 들어 설명해 줄 테니 잘 보렴.

$$x^2 - x - 12 = y \cdots ①$$
$$x^2 - x - 12 = 0 \cdots ②$$
$$x^2 - x - 12 \geq 0 \cdots ③$$

①은 y가 x에 관한 이차식으로 나타내어지니까 x에 관한 이차함수야.

②는 이차방정식이라는 거 알고 있지?

그럼, ③은? x에 관한 이차부등식이잖아.

①은 x값이 자유롭게 변할 때마다 $x^2 - x - 12$로 계산된 y값도 변하는 함수란다. 그래프로 나타낼 수 있겠니? 앞에서 배운 대로 하면 된단다.

$$y = x^2 - x - 12$$
$$= (x^2 - x + \frac{1}{4}) - \frac{1}{4} - 12$$
$$= (x - \frac{1}{2})^2 - \frac{49}{4}$$

따라서 꼭짓점은 $(\frac{1}{2}, -\frac{49}{4})$가 되는구나.
그래프는 다음과 같겠지?

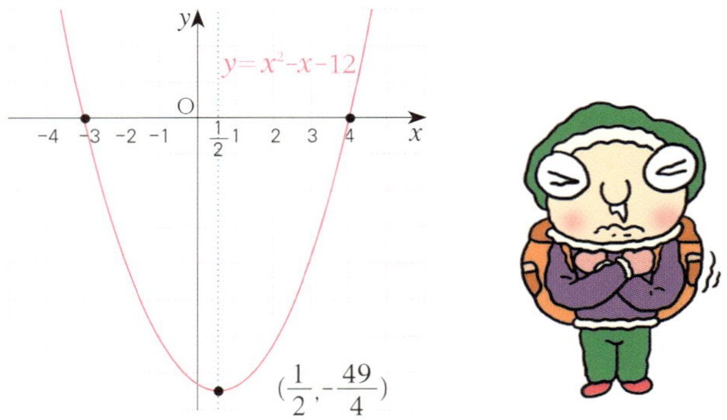

②는 x값에 따라 주어진 식이 성립할 수도, 성립하지 않을 수도 있기 때문에 '방정식'이라고 부르는 거란다. 이차방정식을 풀 때에는 먼저 '인수분해가 되는가?'를 생각하고, 인수분해가 되지 않을 때에는 '근의 공식'을 이용하거나 '완전제곱식'을 이용해서 풀면 된다는 것 기억하니?
주어진 이차방정식이 인수분해가 되니까 다음과 같이 풀 수 있어.

$$x^2 - x - 12 = 0$$

$$(x+3)(x-4) = 0$$

따라서 $x = -3$ 또는 $x = 4$가 되는구나.

그런데 관점을 달리하여 보면, $x^2 - x - 12 = 0$은 $x^2 - x - 12 = y$에서 함숫값 y가 0인 경우잖니?

그러니까 앞의 그래프에서 $y = 0$인 x축과 만나는 두 점의 x좌표가 바로 이차방정식의 해 -3과 4가 되는 거야.

마찬가지로 ③은 함숫값 y가 0보다 크거나 같은 경우로, 이때의 해는 y가 0보다 크거나 같을 때의 x값의 범위가 된단다. 바로 아래 그래프의 색칠한 부분이지.

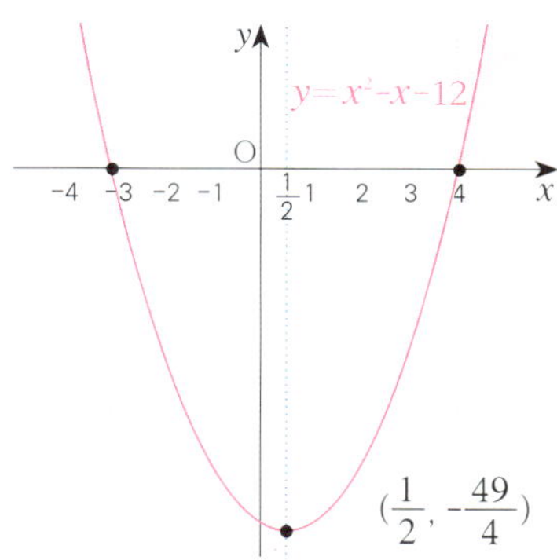

따라서 $x^2 - x - 12 \geq 0$의 해집합은 $\{x \mid x \leq -3$ 또는 $x \geq 4\}$가 돼. 부등호의 방향이 바뀐 $x^2 - x - 12 < 0$의 해집합은 어떻게 될까? 위의 그래프에서 y가 0보다 작은 범위인 $\{x \mid -3 < x < 4\}$이겠지.

 - - - - - - 

선생님, 저는 이차함수
$y=2x^2+4x-5$의 그래프를
아래와 같이 그렸는데,
어디서 틀렸는지 잘
모르겠어요.

$$y=2x^2+4x-5$$
$$=2(x^2+2x)-5$$
$$=2(x^2+2x+1-1)-5$$
$$=2(x+1)^2-1-5$$
$$=2(x+1)^2-6$$

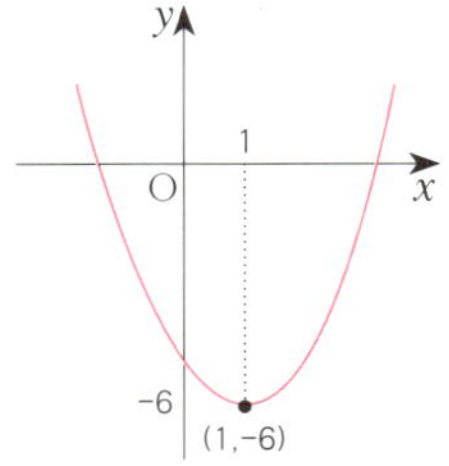

완전제곱식으로 고칠 때 실수를 했구나. 그리고 마지막에서
꼭짓점도 잘못 읽었어. 선생님이 풀어 줄게, 잘 보렴.

$$y=2x^2+4x-5$$
$$=2(x^2+2x)-5$$
$$=2(x^2+2x+1-1)-5$$
$$=2(x+1)^2-2-5$$
$$=2(x+1)^2-7$$

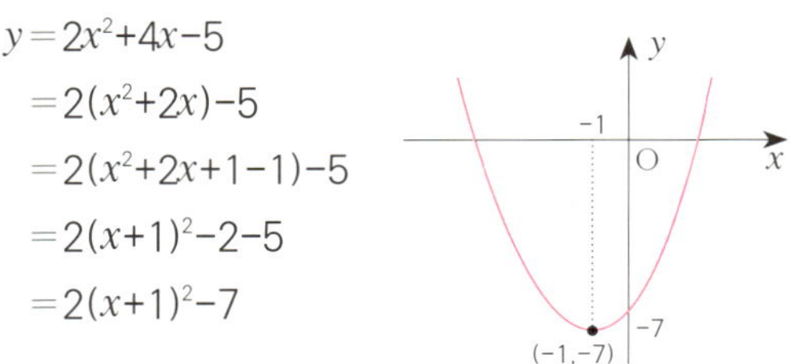

따라서 $x=-1$을 축으로 하고, 점 $(-1, -7)$을 꼭짓점으로
하는, 아래로 볼록한 포물선으로 그려야 한단다.

선생님, 그럼 $y=2x^2+4x-5$
의 그래프는 $y=x^2$의
그래프를 x축 방향으로 1만큼,
y축 방향으로 -7만큼
평행이동한 그래프인가요?

그렇게 착각하기 쉬운데, 그건 아니란다.
함수 $y=2x^2+4x-5$는 $y=2(x+1)^2-7$로 바꿀 수
있잖니? 이것은 $y=2x^2$의 그래프를 x축 방향으로
-1만큼, y축 방향으로 -7만큼 평행이동한
그래프야. 아래 설명을 잘 보렴.
함수 $y=2(x+1)^2-7$은 $y+7=2(x+1)^2$과 같잖니?
이 식은 $y-(-7)=2\{x-(-1)\}^2$과도 같아서,
이것을 $y=2x^2$의 그래프와 비교해 보면 $y=2x^2$의
x 대신에 $x-(-1)$, y 대신에 $y-(-7)$로
바뀌어 있고, 이것은 $y=2x^2$의 그래프를 'x축 방향
으로 -1만큼, y축 방향으로 -7만큼 평행이동한
그래프'가 된단다.

지은이

이윤경

초등학교 때 유일하게 다녀 본 주산학원에서 '수'에 대한 흥미를 느끼고, '수'를 사랑하게 되었다. 결국 수학을 전공하여 오늘날까지 중학교 수학 교사로 학생들의 '재미있는 수학'을 책임지고 있다. 수학은 이유를 막론하고 무조건 재미있어야 한다고 외치는 선생님은 아이들이 수업에 지루해하고 있을 때, 주변 이야기를 꺼내 흥미를 유발한 후 반드시 '수학 공부의 필요성'으로 결론을 맺는다. 학년 말 학생들의 설문 조사에서는 언제나 '카리스마 짱'으로 뽑힌다. 선생님 曰 "세상은 넓고, 풀어야 할 수학 문제는 많다."

성균관 대학교 수학과를 졸업하고 동 대학원에서 석사학위를 받았으며 현재 보라중학교에서 수학을 가르치고 있다. 저서로는 『앗, 나의 실수』 『Up & Up』 『한 번만 읽으면 확 잡히는 중학교 수학』 등이 있다.

그린이

최상규

한국출판미술협회 주최 일러스트레이션 공모전, LG동아국제만화페스티벌의 카툰 부문에서 입상하였다. 자연, 과학, 역사, 인물 등 다양한 주제로 따뜻하고 생동감 넘치는 작품을 만들고 있으며, 경기도 양평에서 자연과 살고 있다. 작품으로는 『컴퓨터는 마술사』 『플라스틱 이야기』 『열차는 왜 하늘을 날 수 없을까?』 『조선사 이야기』 『고려사 이야기』 『어린이 국보여행』 등이 있다.

놀면서 혼자하는 수학 2 식과 함수

초판 1쇄 인쇄일. 2010년 4월 5일
초판 4쇄 발행일. 2016년 10월 10일

지은이 이윤경
그린이 최상규

펴낸이 김종길
편집부 임현주, 박성연, 이은지, 이경숙, 김보라, 안아람
디자인부 정현주, 박경은
마케팅부 박용철, 임우열
관리부 김유리
홍보부 윤수연
펴낸 곳 글담출판사
출판등록 제7-186호
주소 (121-840)서울시 마포구 양화로 12길 8-6(서교동) 대륭빌딩 4층
전화 (02)998-7030
팩스 (02)998-7924
이메일 bookmaster@geuldam.com
페이스북 www.facebook.com/geuldam4u
블로그 http://blog.naver.com/geuldam4u

값 10,000원

ISBN 978-89-92814-25-6 53410
잘못 만들어진 책을 바꾸어 드립니다.

「이 도서의 국립중앙도서관 출판시도서목록(CIP)은 e-CIP 홈페이지(http://www.nl.go.kr/ecip)에서 이용하실 수 있습니다.(CIP제어번호: CIP2010001062)」